国家出版基金项目
NATIONAL PUBLICATION FOUNDATION

中国卷

世界灌溉工程遗产研究丛书

谭徐明　总主编

李云鹏　编著

高田叠交错　石脉流泉滴

紫鹊界梯田

长江出版社
CHANGJIANG PRESS

总序

在世界广袤的大地上，分布着丰富且类型多样的人类文明，古代灌溉工程就是其中之一。直到今天，还有相当数量的古代灌溉工程在持续地为人们提供着生活、灌溉和生态供水服务。现存的古代灌溉工程历经长久考验，没有成为西风残照的废墟，也没有成为书籍中刻板的回忆，而是以与自然融为一体的形态存在，并成为兼具工程价值、科学价值和文化价值的人类文明奇迹。

2014 年，国际灌溉排水委员会（ICID）开始在世界范围内评选收录灌溉工程遗产，旨在挖掘、保护、利用和宣传具有历史意义的灌溉工程所蕴含的自然哲理、科学思想、文化价值和实用价值。从2014 年至 2020 年，经由中国国家灌排委员会推荐和国际评委会评审，我国有安徽的芍陂、四川的都江堰等二十处具有历史意义的灌溉工程入选世界灌溉工程遗产名录。由此，古老而丰富的中国灌溉工程遗产向世界又开启了一个了解和认识中国文明史的新窗口，让更多的人走进中国悠久而辉煌的水利史，探索这些工程中蕴藏的人与自然和谐相处的理念和古代贤人因势利导的治水智慧和方略。

粮食充裕则天下稳定，人民安居乐业，而灌溉工程正是在洪涝干旱灾害频发的自然环境下保障粮食丰收的关键所在。中国是灌溉文明古国，历朝历代从一国之君到州县官员无不重农桑兴水利，并确立了从中央到民间权、责、利相互结合的灌溉管理制度。农耕文明下的这些灌溉工程及其管理制度和道德约束，为水利发展注入了民族精神，并在历史的长河中衍生出独特的文化和记忆，

紫鹊界梯田

使得现存的古代灌溉工程在这一独特的文化滋养下世代相传、经久不衰。每一处灌溉工程遗产都是人与自然和谐相处和可持续发展活生生的实证。

中国 5000 年的农耕文明史中，因水资源禀赋和自然环境差异而建造出类型丰富、数量众多的灌溉工程。留存下来的古代灌溉工程得以延续至今，往往缘于这一灌溉工程在规划、选址、选型、建设和管理上的可持续性，随着科技和社会的发展，其功能和效益仍在扩展中。如安徽寿县的芍陂，是我国历史最悠久的大型陂塘蓄水灌溉工程，它始建于战国时期最强盛的楚国，历经 2600 多年后，至今仍灌溉着 67 万亩农田，并成为今天淠史杭灌区的反调节水库。再如有 2270 多年历史的四川都江堰，是世界上年代最久远、仍在发挥作用的无坝引水灌溉工程。留存至今的古代灌溉工程堪称人与自然和谐相处的典范，是可持续发展的活样板。

抛弃历史的前进，终究是无本之木，善于继承方能更好创新发展。在我们拥有先进科学技术的当代，从灌溉工程遗产中汲取经过历史检验的科学理念、智慧和经验，把现代科学技术与经过历史检验的思想和理念相结合，有助于更好地设计和建造人水和谐与可持续发展的灌溉工程。灌溉工程遗产也是重要的文化传承，在灌区现代化建设的过程中应该同时加强对灌溉工程遗产和灌溉文明的保护，让中华大地上美轮美奂的古代灌溉工程和丰富多彩的灌溉文化依然充满生命力，让历史文化在流水潺潺的水渠、在生机勃勃的田野得到永恒延续发展，为我国灌溉文化的生命传承和建设现代化生态灌区注入不竭的动力。

中国水利水电科学研究院原总工程师
2011—2014 年国际灌溉排水委员会第 22 届主席

2023 年 8 月于北京玉渊潭

紫鹊界梯田

目 录

导　言

　　紫鹊界梯田位于中国湖南省娄底市新化县西部山区，地处长江二级支流资水流域，属亚热带气候，多年平均年降水量 1643.3 毫米。灌区梯田共 500 余级，分布在海拔 500~1200 米的山坡上，坡度在 25°~40°，通过简易而完善的引水、输水、排水设施，实现了自流灌溉，灌溉总面积 6416 公顷。

　　紫鹊界梯田是湘中多民族聚居区灌溉农业发展的里程碑。通过对高山土地的开发，解决了人口增长粮食短缺的矛盾，开创了山区稻作农业的先例，保障了文明的发展和民族的交融。紫鹊界梯田在宋代（公元 10 世纪）已有相当规模，至今已有 1000 多年的历史，由当地汉、苗、瑶、侗等民族原住民共同创造。紫鹊界先民因地制宜修建了坡地配水系统，漫山遍坡的梯田由无数灌溉水系网连接，每块梯田既是一个小蓄水池，也是一个保土床，确保了水稻丰产，防止了水土流失。紫鹊界梯田以稻作农业为主，具有水土保持、人工湿地的效益，是亚高山地区粮食生产与水土保持有机结合的典范。

　　紫鹊界梯田的农业、林业生态环境和灌溉排水工程体系相辅相成，形成了生产、生活的共同体，包含着本土人民崇尚自然、顺应自然、永续利用的理念。紫鹊界梯田以最简易的工程设施、最少的维护管理、可持续的工程管理，实现了有效的自流灌溉与

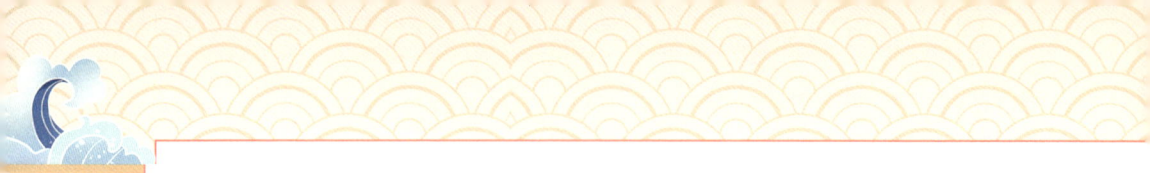

生态保护，传统生产生活方式得以保留，具有区域自然环境的可持续性。紫鹊界梯田积淀的厚重生态理念和建造管护经验，为现代坡耕地治理工程、水土保持工程提供了极其宝贵的借鉴。2014年，紫鹊界梯田被列入首批世界灌溉工程遗产。

第一章　概　况

　　紫鹊界梯田位于中国湖南省娄底市新化县西部山区，地处长江二级支流资水流域，属亚热带气候，多年平均降水量 1643.3 毫米。灌溉总面积 6416 公顷，共 500 余级，坡度在 25°~40°，分布在海拔 500~1200 米的山麓间，以自流灌溉为主。紫鹊界梯田在宋代（公元 10 世纪）已有相当规模，全盛于明清，至今已有 1000 多年的历史，由当地汉、苗、瑶、侗等民族原住民共同创造。

第一节　自然地理背景

　　紫鹊界梯田地理坐标为东经 110°01′—110°52′，北纬 27°40′—27°45′。行政区域包括新化县水车镇的楼下、白水、龙普、石丰、金龙、老庄、锡溪、奉家、龙湘、正龙、荆竹、白源、柳双、长石、石禾、直乐等 16 个村，总面积 64.16 平方千米。[①] 紫鹊界梯田自流灌溉系统是通过劳动人民与自然不断磨合，在地形、植被和土壤环境的综合作用下形成的。

---

　　① 来源：新化县水利局，2014。

一、地形地貌及地质条件

紫鹊界梯田位于湖南省娄底市新化县西部山区的水车镇，东邻槎溪镇，西接奉家镇，北靠文田镇，南与隆回县鸭田镇、金石桥镇接壤，西南与溆浦县相连，属于雪峰山脉，主峰白马山高1780米。梯田总面积6416公顷，呈带状遍布在海拔500~1200米的山坡上，共500余级，10余万丘。梯田平均宽度1.75米（最窄处0.2米，最宽约10米），级与级之间平均高差1.25米，田埂平均宽度0.3米、高0.25米。梯田横跨8面坡、5条沟、4列支山脉。

紫鹊界梯田区属雪峰山弧形构造中段的弧顶内侧，出露地层主要有元古界冷家溪群，古生界震旦系、奥陶系、泥盆系，低洼地带有零星的第四系松散堆积物，侵入冷家群的二云母二长花岗岩是该区的主要岩石，岩体内构造断裂发育，主要构造线方向与区域构造一致，呈东北向。

紫鹊界梯田区为中低山丘陵地区，属浅切割中低山地地貌和浅切割馒头形丘陵地貌，最高海拔1540米，最低460米，相对高差1000余米。

土壤属花岗岩分化发育的红壤、黄壤和山地草甸土，土壤的垂直地带性分布明

紫鹊界梯田卫星影像图

梯田风光

显，海拔 800 米以下的广大地区为红壤，800 米以上为黄壤，均为砂性质地。山地土壤剖面完整，有机质层较厚，心土层特别深厚，达 1~4 米。遗产地砂土壤有机质含量丰富，结构性状好，透水性强，土壤 pH 值呈酸性或中性。土地类型多样，适宜多种经济作物和农作物生长。

二、气候水文及水系水资源

遗产区属中亚热带季风气候区，夏季多东南风，冬季多西北风，年平均气温 13.7℃，最高气温 39℃，最低气温 –10.5℃，年降水量 1700 毫米左右，无霜期 260 天，初霜在 11 月中旬，终霜在 2 月下旬，年日照 1488 小时。

新化地区的气候特征主要表现在如下四个方面：一是春温多变，寒潮频繁。冷、暖空气活动频繁，乍晴乍雨，气温急升骤降。3 月平均气温 10.8℃，春寒严重的年份只有 7.6℃；4 月份极端最低气温 2℃，极端最高气温 35.1℃。三、四两月每年平均有 5.1 次受冷空气影响，1956—1987 年中，有 16 年出现倒春寒。以"春分"

紫鹊界梯田地貌环境

边至 4 月上旬的低温为害最重。历年 5 月中、下旬出现低温天气，影响早稻分蘗繁育。1973 年 5 月 14—22 日连续阴雨 9 天，最低气温仅 12.5℃。早熟早稻严重减产。上渡公社减产 16 万多公斤。二是"倒秋"阴雨天多，寒露风早临。9 月份日平均气温连续 3 天以上低于 20℃，平均出现于 9 月 25 日，最早是 1982 年 9 月 9 日，最迟是 1975 年 10 月 12 日。1956—1987 年分布频率：连续 3 天以上低于 20℃出现在 9 月上旬 1 次；出现在 9 月中旬 5 次；出现在 9 月下旬 16 次；出现在 10 月上旬 8 次；出现在 10 月中旬 2 次。三是盛夏酷热。7—8 月天气酷热，以每候（5 天为一候）平均气温高于 30℃为酷热期，平均每年 1.7 候，1957—1989 年中，只有 9 年没有出现过酷热，极端最高气温是 1971 年 7 月 26 日 40.1℃，是新化历史上极端最高气温。气温 35℃以上天数，平均每年 23.4 天，最多的是 1963 年有 49 天。四是雨量集中。春末夏初，西南暖湿气流加强，多大到暴雨，4—6 月平均雨量 605.6 毫米，占年总雨量 43.3%，日雨量大于 25 毫米的大雨有 51.3% 出现在这段时间；大于 50 毫米的暴雨日占全年总数的 54.5%。7—9 月雨量锐减，平均 332.7 毫米，仅占年总雨量的 23.8%。此时气温高，南风大，光照强，平均蒸发量 591.2 毫米，为同时期降雨量的 1.78 倍。形成夏秋干旱，尤以秋旱为重。

新化降水较充沛，但时空分布不均，年际变化大，故少雨年常多干旱，雨水集中季节则易成涝。历年（1957—1989 年）年降水量 1027~1667.7 毫米，平均 1402.1 毫米。县内各地年最大值 2125.4 毫米（1970 年由下团水文站测得），最小值 909.5 毫米（1960 年由邹家滩水文站测得）。县内年降雨量大于或等于 1300 毫米的保证率，水车、下团为 100%，维山、沙江、双林、报木为 90%，城关、田坪、金滩、邹家滩为 70%，白溪、吉庆为 60% 左右。降雨季节分布是春、夏多，秋、冬少。3—5 月 515.6 毫米，占全年降雨量的 36.8%；6—8 月 461.4 毫米，占 32.9%，9—11 月 250.2 毫米，占 17.8%，12—次年 2 月 174.9 毫米，占 12.5%。降雨变率：以春季、初夏较小，盛夏、秋冬较大。县内雨季平均始于 4 月 14 日，结束于 7 月 2 日。最早进入雨季是 1961 年 3 月 3 日，最迟结束雨季是 1970 年和 1979 年的 7 月 23 日。雨季期间总雨量 645.5 毫米，占全年总量的 46%。月降水量变化特点：一是时间分布极不均匀，12 月最少，多数年不足 50 毫米，以后逐月递增，5 月份为高峰期，是最少月的 5.2 倍；6—11 月逐渐减少，并呈一多一少波浪式变化。二是 4—8 月降水强度大。月平均雨量除 7 月外，皆大于 130 毫米，而月最大雨量均大于 250 毫米，5—6 月则达 400 毫米以上。三是年际变化差值悬殊，最多年 11 月份降水 252.1 毫米，极端正变率 234%，最少年仅 3.3 毫米，极端负变率 96%。年降雨日数 139—

196 天，平均 162.6 天。3—5 月 52.7 天，占年雨日 32.4%；6—8 月 38.4 天，占 23.6%；9—11 月 33.6 天，占 20.7%；12—2 月 37.9 天，占 23.3%。9 月份最少，仅占 9.7%。

新化年蒸发量为 1136.9~1687.6 毫米，多年平均年蒸发量为 1356.7 毫米，其中 7 月 230.7 毫米、8 月 201.9 毫米为最多；1、2 月少于 50 毫米，最少的 1 月为 43.4 毫米；11—次年 3 月，在 50~70 毫米；其他各月在 100~160 毫米。蒸发与降水的分布成反比。3—5 月降水大于蒸发 42.5%，6—8 月蒸发大于降水 29.2%，9—11 月蒸发大于降水 32.7%，12—次年 2 月降水大于蒸发 18.9%，4—6 月降水大于蒸发 36.9%，7—9 月蒸发大于降水 77.7%。蒸发的变化与日照的变化大体一致。

据 1989 年统计，新化年降水总量为 54.7 亿立方米，其中地表径流量为 32.8 亿立方米。人均 2675 立方米，耕地亩均 4432 立方米，为全国耕地亩均（1760 立方米）的 2.5 倍，比全省耕地亩均（3756 立方米）高 15%。全县蓄引提总水量为 4.62 亿立方米，仅占县境地表径流量的 14.1%。

资水是新化县的主要河流，源自广西资源县境。从冷水江市流入，在东南部化溪乡浪丝滩进入县境，贯穿中部，将全县分为东北与西南两部分。流经化溪、桑梓、枫林、燎原、城关、娘家、游家、白沙、小洋、栗山、邓家、油溪、青实、白溪、何思、琅塘、杨木洲、荣华等 18 个乡镇（《新化县志》1996），在西北部荣华乡、杨木洲乡间瓦滩出境去安化县，县内河段 91 千米。入境处标高 170 米，出境处 144 米。多年平均水位 163.95 米，最高水位 175.44 米，最低水位 155.79 米。1959 年平均流量 377 立方米每秒，6 月 11 日最大流量 4090 立方米每秒，10 月 12 日最小流量 40

立方米每秒。新化县内长 1 千米以上溪流 266 条，流域面积 5 平方千米以上河流 106 条，全都直接或经过溆浦、安化注入资水。其中一级支流 25 条，二级支流 42 条，三级支流 28 条，四级支流 11 条。

　　新化地下水资源丰富。湖南省水文地质队和新化县水利部门初步查明，新化境内共有地下水 953 处，其中地下河流 76 条，枯水流量 300 升每秒以上的岩溶泉 62 处，每年渗入补给总量为 9.5 亿立方米，枯季地下水径流总量 4.8 亿立方米每年，其中可以利用的天然排泄量为 1.6 亿立方米每年。县内地下水分布主要有下列类型区：一是以碳酸盐岩岩溶池区的地下水最为丰富，主要分布在县境东部、中部和南部，面积约 1600 平方千米，天然排泄量每年为 15892 万立方米；二是基岩裂隙孔隙水，分布在县境西部和北部，面积约 2100 平方千米，天然排泄量每年为 427 万立方米；三是松散堆积层孔隙水，分布在县境中部城关、洋溪、横阳、圳上等地区，面积约 70 平方千米，天然排泄量每年为 33 万立方米。

　　紫鹊界山泉、山溪众多，两山之间必有溪水，夏季清凉，冬不冻结，终年不竭，区内呈树枝状分布溪流 170 余千米，溪陡落差大，水能资源丰富。紫鹊界梯田基岩裂隙水丰富，每年出水量达 1000 万～1500 万立方米，形成一种天然的农田自流灌溉方式，这是紫鹊界梯田"越旱越丰收"的主要原因。紫鹊界山泉、山溪众多，南面有高溪、漱润溪、锡溪，在塔水桥与邵水汇合成芷溪，在双江与云溪汇合注入资江；北面有双林江、元溪等 9 条支流汇为渠江，注入资江。南北溪流在紫鹊界境内总长 170 千米，而且终年不竭，落差较大，水景资源丰富。

　　就地形而言，紫鹊界东南面是干旱季节盛行东南风的涟邵盆地，气流到达紫鹊界被迫提升冷却，产生地形雨，因此，紫鹊界梯田区与山下相比，降雨量多且分布相对均匀，干旱的几率不大。就植被而言，完整林相的森林通过林冠截流、枯树落叶滞流和松软的腐殖质层强力吸水作用，将大部分降水拦截下来，天然降水流失率低。就土壤而言，花岗岩砂质土壤一方面有很强的透水性，被森林拦截的降水能迅速下渗，另一方面又不能长久地吸附水分，进入土壤中的水在重力及毛管作用下移动，遇到不透水的基岩，水不能继续下渗，在某些部位流露地表，形成泉水、汇为溪水，成为梯田的灌溉水源。

三、生态环境条件

遗产区内森林茂密，林相完整，有高等植物 99 科 258 属 933 种。属国家保护植物 20 种，其中 1 级有银杏等 5 种，2 级有金钱松等 11 种，3 级有银鹊树等 4 种，森林覆盖率 63.2%。属国家与省级保护的动物有 41 种（不包括昆虫），其中 1 级有云豹等 2 种，2 级有猕猴等 13 种，3 级有狐等 26 种。

遗产区内的林地面积 4058 公顷，占 63.3%，耕地 1040 公顷，占 16.2%，耕地中水田 911 公顷，（其中梯田 740 公顷），林地与耕地面积之比为 4.5 ∶ 1，即 4.5 公顷森林保 1 公顷耕地，其他面积 1317 公顷，占 20.5%。

四、水旱灾害

（一）洪涝灾害

新化扶资水中游，处雪峰山东南麓，山高水陡，洪涝灾害频繁。从宋熙宁五年（公元 1072 年）至 1949 年记有大小水灾 73 次，平均 12 年一遇，其中清雍正六年（公元 1728 年）至乾隆五十八年（公元 1793 年）有水灾 16 次，平均 4.1 年一遇。1957—1987 年有水灾 16 次，平均 1.8 年一遇，日降水量 50 毫米以上暴雨 101 次，平均每年 3.3 次，最多的 1969 年和 1977 年各有 7 次。其中 4—8 月 10 天雨量大于 200 毫米的洪涝有 14 次。除 1969—1971 年和 1979—1981 年连续 3 年洪涝外，其余间隙期 1~2 年，平均 2.3 年，最长 6 年。县内 3—11 月都曾出现洪涝，以 6 月占洪涝总次数 25.7% 为最多；其次是 5 月和 8 月各占 18.8%。大洪涝有 32.3% 的年份出现在 4—6 月，其次是 7—8 月，各占 6.5%。1969 年发生大洪涝 2 次。1957 年 6 月 13—22 日，降水量 2938 毫米，是洪涝史上强度最大的。（《新华县志》1996）

资水两岸是主要的洪涝区。城关镇以下多于以上，杨木洲、琅塘、荣华、白溪、何思、油溪、青实、邓家、白沙、游家等乡镇出现概率最高，强度最大。山区则多局部山洪，易涨易落，冲击强度大，淹没程度较轻，若以资水为界，西部洪涝多，东部略少。

（二）干旱灾害

新化干旱地区以东部和中部石灰岩地区为重，尤以植被稀疏的 12 个乡镇最为突出。大旱年头，不仅农业减产以致失收，人畜饮水都极为困难。

据历代地方志记载统计，从元大德三年（公元 1299 年）至 1956 年，记有干旱 55 次，平均 12 年一遇；大旱 37 次，平均 17.8 年一遇。1957—1989 年 20 天以上干旱每年 2 次，1963、1974、1982 年各有 3 次。1956—1989 年，有春旱 6 次、夏旱 17 次、秋旱 25 次、冬旱 3 次。夏秋连旱 40 天以上或两次 60 天以上有 23 年。其中 82.6% 是秋旱，夏秋连旱 60~75 天或两次 76~90 天有 11 年，

平均 6.2 年一遇。秋冬连旱有 3 年。（《新华县志》1996）

夏秋干旱一般在 6 月下旬或 7 月上旬，8 月上旬"立秋"前后发生一次较大降水过程后结束，平均持续 29.2 天，最长的是 1985 年的 58 天；秋旱多始于 8 月中、下旬，10 月中旬结束，平均 42 天，最长的是 1974 年的 80 天。夏旱常为插花性条条块块型分布，秋旱则范围广，甚至遍及全县，旱情严重。

第二节　社会经济概况

紫鹊界梯田所在的新化县，周时为荆州之域，春秋时属战国楚地，秦时属长沙郡，汉时属长沙王国益阳县。宋神宗熙宁五年（公元 1072 年）置新化县，隶属邵州。清《（同治）新化县志》载："新化县，禹贡职方为荆州之域。春秋属战国楚地。秦属长沙郡。汉属长沙王国，本益阳县旧梅山地。后汉未置县，地属昭陵。吴孙皓宝鼎元年（公元 266 年），以零陵北部为昭陵郡，分昭陵置高平。晋武帝太康元年（公元 280 年），改高平为南高平，后复曰高平，距今治百里，隶邵陵。宋、齐、梁俱因之，寻废。梁末陈初，以邵阳为郡治，省高平，入邵阳"（《陈书·疆域志》有高平县。《宝庆府志》亦主隋省）。清邹文苏《高平考》云：

> "今新化县南百里，有灵真、长郢、常福、金凤、高凤、大坪、栗坪、朴塘、石脚、九龙，凡十都，广五十余里，袤七十里，统名曰高平。吴高平县故址，即在石脚。"

县志又载：新化地，隋隶潭州，唐入邵州，五代时为蛮獠所据，宋初未置县，地属邵阳及"梅山蛮"。宋熙宁五年（公元 1072 年），湖南转运副使蔡煜开辟梅山置新化县，隶属于荆湖南路的邵州。

"东起宁乡司徒岭，南抵湘乡佛子岭，西及邵阳白沙寨，北至益阳四里河……得主客万四千八百九户，万九千八十九丁（按宋制：成年男女曰丁），田二十四万余亩，以上梅山地置新化县……谓王化之一新也"。

南宋宝庆元年（公元1225年）改邵州为宝庆府，新化属宝庆府。元属湖广行省湖南路宣慰司宝庆路，行政长官称县尹。明属湖广布政使司宝庆府，清属湖南省长宝道宝庆府，行政长官称知县。

辛亥革命后，民国三年至十年（公元1914—1921年）属湘江道，民国二十七年至三十八年（公元1938—1949年）属湖南省第六行政督察区，行政长官称县知事或县长。1949年8月12日，国民党政府县长伍光宗起义，人民解放军147师进城，新化县城解放。8月18日，147师奉命转移，国民党军队复进占县城。10月5日，解放军再次攻克县城，新化第二次解放。10月21日成立新化县人民政府，属邵阳专区，行政长官称县长。1977年10月属涟源地区。1982年6月涟源地区更名为娄底地区。从1999年7月后，娄底地区改为娄底市，新化县人民政府驻上梅镇，2005年元月，县委、县人大、县人民政府、县政协整体搬迁至梅苑经济开发区。

县域范围也不断变化，宋熙宁五年（公元1072年）初置新化县的境域面积以及建县后的境域盈缩，除"元割新化之隆回一都、隆回三都入邵阳，而割邵阳之故高平地入新化"在《道光宝庆府志》《同治新化县志》有记述外，其余均无从查考。明洪武十四年（公元1381年），新化有太阳、永宁、石马三乡，境域面积约5100平方千米，经明、清、民国，基本保持原状。民国十九年（公元 1930 年），新化陆地测量为 5048 平方千米，至 20 世纪 40 年代末未变更。1950 年 6 月，析锡矿山周围 2 乡 3 镇 140 平方千米置锡矿山矿区，属邵阳地区直接管辖，11 月，又将中连、车田、晏家等 7 乡划归锡矿山矿区。1952 年 8 月撤销锡矿山矿区，属地全部回归新化。1951 年 10 月，析坪上、龙溪铺、田心等 34 乡（面积 450 平方千米）入新邵县，析罗洪、水车等 33 乡（面积 837 平方千米）入隆回县；1953 年 5 月，析江东等 11 乡（面积 181 平方千米）入溆浦县，同月，隆回第六区（除福田、麻罗 2 乡外）、水车等 12 个乡（面积 440 平方千米）回归新化县，是时，新化县境域面积 4020 平方千米。1960 年，析矿山、中连、禾青、毛易、渣渡 5 个人民公社（面积 5567 平方千米），置冷水江市，是时，新化县境域面积 3463.3 平方千米。1962 年 10 月，撤销冷水江市，属地回归新化，新化境域面积恢复到 4020 平方千米。1969 年 10 月，复置冷水江市，以冷水江、矿山 2 镇和中连、毛易、梓龙、渣渡、禾青、潘桥、金竹山 7 个人民公社（面积 283 平方千米）为该市行政区划。是时，新化境域面积 3737 平方千米。1975 年将矿山、铎山、三尖、岩口 4 个人民公社（面积 170 平方千米）划归冷水江市。至此，新化县境域面积为 3567 平方千米。

截至 2023 年 5 月，全县户籍总户数 478983 户，户籍总人口 150.59 万人，其中：城镇人口 19.75 万人，乡村人口 130.84 万人。全县常住户数 39.21 万户，常住人口 118.03 万人，其中：城镇常住人口 39.12 万人，农村常住人口 78.91 万人，城镇化率 33.14%，人口出生率 8.92‰，死亡率 6.57‰，自然增长率 2.35‰。人口姓氏分布上，1988 年统计，新化县 10 万人口以上的姓为刘姓，5 万~7

万的 3 姓分别为曾、罗、邹，1 万~5 万的有 18 姓，5000~1 万的
有 14 姓，5000 以下的有 231 姓。宋代建县时，始居梅山的峒民中
有扶、苏、向、蓝、青、田、赵、卜、包、舒、毕、励、史等姓，
均为地方土著，故称"主户"。唐末至元、明，外地人陆续迁入县境。
有因避兵乱迁入者，有奉朝廷移民、屯田的诏令迁入者，其姓氏
有陈、邹、刘、罗、颜、毛、潘、李等，通称"客户"。清代至
民国，因外籍人口迁入多，姓氏随之增多。

  区域生产及经济发展情况。北宋熙宁五年（公元 1072 年）以前，
境内居民主要以摘野果和射猎禽兽为生，辅以刀耕火种获得的小
米高粱。建县后，始由狩猎经济向农业经济过渡。熙宁、元丰年
间（公元 1073—1085 年），宋朝廷命令一批籍隶江西泰和、安福、
吉安等在外为官的人各率其族众入新化开荒，先后垦荒 41.32 万亩。
明代初年，推行屯田制，宝庆卫、五开卫两所军屯田 10377 亩，
民屯田 56.97 万亩。耕种面积不断扩大，工具逐渐改良，促进了县
内农业经济的全面发展。手工业亦随之从农业中分离出来，商品
生产初步发展。明代洪武年间（公元 1368—1398 年），县境当正
村（今金竹山）所产无烟煤即远销汉口。同时，民间利用与煤炭
共生的铁矿石炼成土铁，铸鼎造锅及制作农具。明嘉靖二十二年（公
元 1543 年），已有大宗茶叶出口，通过苏溪关交纳的茶税银年达 3000
两。清代中叶以后，产煤地区遍及河东和大洋江流域。森林得到
开发，原木通过渠江、麻溪、栗溪、大洋江、油溪流放至大河边
集中，扎成排筏外运。云溪、汝溪、桃林、洋溪成为土纸生产基地。
当时资水为县内商品流通的主渠道，造船工业赖以兴盛，船种、
载量逐渐改多增大。18 世纪末，毛板船问世后，即与煤炭生产相

互促进，形成良性循环，将新化经济推上一个新台阶，加入全省工业较发达地区的行列。城乡贸易日渐活跃，39处墟场的经营方式由以物易物改用货币交易。江西省和湖南省湘乡、衡阳、宝庆（今邵阳）等地商人和手工业者纷纷来县定居，经营药材、棉布、百货、南杂等商品，获利甚丰。清光绪二十三年（公元1897年）起，锡矿山锑矿逐步崛起，成为与水口山铅锌矿、黄金洞金矿并列的湖南省三大矿之一，但产业之间发展不平衡。农业比较落后，丰收年景所产稻谷仅供8个月民食，故依赖土特产品出口，换回粮食以补不足的局面。民国初年，第一次世界大战爆发，锑价猛涨，每吨高达2000银元，锡矿山的采矿公司增至130余家，炼厂30户，矿工多至10万，日产生锑60~70吨，产量占全球总产量一半以上，被誉为"世界锑都"。煤矿有98家，采煤运煤者不下于10万。造船业年制毛板船1000余艘，其余船只1500余艘，船员2万余人。炼铁厂逾百，造纸厂上千，织染厂、石灰厂各数十，瓷厂7家，从业者5万余人。年产稻谷12万吨、红薯11.5万吨。商业亦相应发展，以县城及资水流域各口岸最为活跃，正式设立门面并向政府申请注册登记的，县城有420家，白溪82家，洋溪76家，现塘、澧溪、油溪、小洋、辇溪、游家湾、化溪、连溪、炉埠、麻溪、沙塘湾、球溪、筱溪、栗滩等埠及锅矿山均有数十至上百家，从业者达万余人。民国六年（公元1917年）后，新化经济逐渐衰落。第一次世界大战结束，锑价下跌至四五十银元每吨，锡矿山的公司、炼厂半数以上停产歇业，矿工减至2万人。此后，兵灾、匪祸、旱灾、水灾连年发生，阻碍县内经济发展。民国二十年（公元1931年）起，工、农业生产一度复兴。抗日战争期间，交通阻塞，产品积压过多，59 家煤矿半停产，5 家炼铁厂全停产。锑品属于战略物资，政府实行专营，限价收购，私营炼厂倒闭，矿工8000 人全被解雇。兴旺一时的 63 家金矿公司亦大多于民国二十九年（公元 1940 年）停办。唯有生产土纸的 1000 多造纸户以及因大中城市相继沦陷、外来棉布缺货而新办的 10 余家织染厂延至民国三十四年（公元 1945 年）日军犯境前夕才停业。抗日战争胜利后，新化农民重建家园，农业生产逐渐恢复。旋即国民党发动内战，通货膨胀，政局不稳，人心动荡不安。工矿企业未能全部复工生产，有的筹资困难，有的尚在徘徊观望，锡矿山开工的仅 11 家采矿公司和 9 户炼厂。商业经营不景气，尚有部分店铺未开业。民国三十七年（公元 1948 年）全县生产稻谷 90649 吨，比民国初年产量减少 1/4；纯锑 3021 吨，不及民国初年产量 1/7；无烟煤 10.4万吨，烟煤 8000 吨，比战前产量减少 40%；生铁、土纸、木材、茶叶的产量均未达到常年的平均水平；只有石灰生产基本恢复旧观。

新中国成立后，新化县经济发展速度加快，然而发展的道路并不平坦。1950 年起，县内进行土地改革，解放了农村生产力，农民的生产积极性空前高涨。工业方面，接管一些工厂，建立国营工业，组织工业生产合作社。商业方面，一方面鼓励私营商业合法经营，通过加工订货、代购代销等形式维护其正当利益；另一方面，组建国营商业企业，在农村普遍成立供销合作社。经过三年努力，全县经济逐渐恢复。1953—1957 年，全县执行第一个五年经济建设计划。农业方面，以改善生产条件为主，兴修小二型水库 35 处，旱涝保收面积从 1949 年的 14.3 万亩增加到 1957 年的 18 万亩，有水利设施的农田面积由 1949 年的 21.4 万亩增加到 1957 年的 27 万亩。工业方面，境内省、地属厂矿得到发展，县改建、扩建国营企业 11 个、公私合营企业 4 个，新建集体企业 89 个。商业方面，成立国营食品、饮食服务、花纱布等专业公司，扩大供销社规模，建立公私合营商店、合作商店（小组）。交通方面，修建南冷（南烟铺至冷水江）公路、冷锡（冷水江至锡矿山）公路，使公路通车里程从 1949 年的 24.28 千米增加到 1957 年的 73 千米。期内完成固定资产总投资 798.27 万元，年均 99.78 万元。1957 年，全县工农业总产值、工业总产值、农业总产值、粮食总产量分别比 1949 年增长 1.04 倍、3.90 倍、54.89%、48.23%，社会商品零售总额、财政收入分别比 1952 年增长 65.33%、2.05 倍。"大跃进"、国民经济调整、"文化大革命"期间，经济发展大起大落，极不稳定。

改革开放之后，经济全面复苏快速发展。至 2021 年，全县实现地区生产总值 309.81 万元，比上年增长 8.0%。其中，第一产业增加值 58.67 万元，同比增长 8.9%；第二产业增加值 91.20 万元，同比增长 4.8%；第三产业增加值 159.95 万元，同比增长 9.4%。三次产业结构为 18.9 ：29.4 ：51.6。2021 年全县财政总收入 21.23 万元，比上年增长 9.0%，地方财政预算收入 13.02 万元，增长 9.3%，其中税收收入 9.05 元，增长 11.8%。公共财政预算支出 84.65 万元，下降 1.2%。全年全县农业总产值 98.15 万元，按可比价比上年增长 9.9%。实现农业增加值 60.59 万元，按可比价比上年增长 8.8%。全年粮食播种面积 76.13 千公顷，增长 2.1%，总产量 487793 吨，增长 3.1%，其中，稻谷播种面积 56.13 千公顷，总产量 379727 吨；小麦播种面积 1.08 千公顷，总产量 3320 吨；玉米播种面积 13.25

千公顷，总产量84459吨；高粱播种面积0.09千公顷，总产量285吨；大麦播种面积0.48千公顷，总产量2005吨；薯类播种面积为1.99千公顷，总产（折粮）为8758吨；豆类播种面积为2.30千公顷，总产量为6989吨；其他粮食播种面积0.82千公顷，总产量2250吨。油料总产量19011吨，增长3.8%；烟叶总产量197吨，增长1.5%；药材总产量32792吨，增长7.4%；茶叶总产量4016吨，增长9.0%；水果产量81535吨，增长5.4%。

全县土地和耕地资源情况，1982—1986年，县人民政府部署县农业区划委员会和县林业局、县农业局以及区、乡（镇）农林场配合，组织专业队伍108人，进行全县土地资源概查。查明全县土地总面积为546万亩，比原上报面积多45760亩，增加0.84%。

新化多丘壑河溪，地形比降大，耕地面积较少，耕地质量也有显著分等。全县除横阳、洋溪、圳上三处有面积较大的溪谷平原田垄外，广大山地丘陵以挂垟田、高岸田和冲垄田居多。历来人多田少，耕地不足。据史料载：清道光十二年（公元1832年），全县耕地50.5685万亩，其中水田45.5385万亩，旱土5.03万亩。民国三十五年（公元1946年）统计，全县耕地1122万亩，人均1.42亩。新中国成立后，县域变动频繁。1951年、1953年，先后划出坪上、龙溪铺、大桥边、江东四个区，归新邵、隆回、溆浦等县管辖。1952年冬，进行查田定产，旧计量亩折换新亩。1953年统计，全县耕地为93.11万亩（其中水田77.28万亩）。至1957年，全县耕地扩大到111.9万亩（其中水田74.86万亩），人均13亩。此时期内，县人民政府奖励开荒，四年内扩大耕地187万亩，但由于基建和水利用地，水田比1953年减少2.42万亩，故所增耕地均系旱土。1958年和1959年大修水利。1961年柘溪水电站蓄水发电，淹没境内耕地6.5万亩。是年，全县耕地为90.86万亩（其中水田64.55万亩）。1964年，县人民政府开展"杉木林基地"建设，山区社队退耕还林，耕地略有减少。1968年，柘溪水库提高蓄水位，新增淹没面积2112亩。1969年，冷水江建市，县内划出耕地6.36万亩。是年，全县耕地减少到82.1万亩（其中水田58.06万亩）。1970年后，农田水利建设用地激增。1973年，柘溪水库再次提高蓄水位，新增淹没耕地1.11万亩。1975年又将铎山、矿山、岩口、三尖四个公社划入冷水江市，划出耕地4.09万亩。是年境内耕地削减至76.55万亩（其中水田54.04万亩），人均0.86亩。1980年以后，国家建设加快，基建用地增多，农村家庭联产承包，农民占地建房失控，耕地锐减。据1989年统计，全县耕地面积为74.02万亩（其中水田53.42万亩），人均0.67亩，为湖南省人均耕地最少的县份之一。

清代，耕地仅有田土之分。民国时期，田分垄田、泽田、山田；土分园土和山土。民国三十五年（公元1946年）《新化耕地等级状况》载：共农田69.0223万亩，其中垄田31.952万亩、泽田6.24万亩，山田30.8303万亩；旱土43.2177万亩，其中园土7.185万亩、山土36.0327万亩。新中国成立后，土壤科学不断发展。1959年，全县进行第一次土壤普查。1979年10月至1980年底，全县组织专业队伍435人，开展第二次土壤普查，于1983年整理编写《新化县土壤志》。按稻田土地存在的潜、瘦、粘、砂、板、碱、酸、毒、冷等障碍因素，划出需要进行改造的低产稻田18.4791万亩，占稻田面积的34.4%；低产土12.2472万亩，占旱土面积的54.6%。为因土种植、因土改良、因土施肥提供了科学依据。境内耕地分布不匀，各地的自然条件和农业资源亦有差异，故耕地利用情况不尽相同。按照全县地域分异规律，大体划分为北西南中山区、东部中低山区和中部平丘区。北西南中山区：包括 24 个乡（镇）和大熊山、古台山两个国营林场。区内栽培制度基本上是一年一熟。水田以一季中稻为主，约占该区水田面积的 70%；旱地以红薯、马铃薯，玉米生产为大宗；经济作物盛产茶叶、药材、薏米、魔芋等。东部中低山区：包括 18 个乡（镇）和吉庆茶场。区内多干旱，以种植一季早稻和中稻为主，约占该区水田的 63.7%；旱地以种植红薯、麦类、豆类为主；经济作物主产花生、烟叶、油菜籽。中部平丘区：包括 45 个乡（镇）和沙江农场、南源园艺场及塔山、琅塘两个渔场，是全县自然条件较好、农产品较丰富的地区。水田以种植双季稻和稻—稻—油、稻—稻—麦、稻—稻—绿肥为主，一年两熟至三熟制的面积约占该区水田面积的 86%；旱土作物以红薯、麦类、马铃薯、豆类为主。该区是全县柑橘、小水果的集中产区，年产量占全县的 80% 以上，其他经济作物如辣椒、油菜籽、西瓜、黄花等也在全县占重要地位。境内农作物种植结构：素以粮食作物为主，经作、油料、蔬菜、饲料、绿肥等作物均有种植。1989 年，县统计局年报记载，全县耕地面积 74.02 万亩，农作物播种面积共 146.7 万亩，复种指数为 200.3%。各种作物播种面积的比重是：粮食作物为 80.6%，油料作物为 5.1%，蔬菜作物为 5.0%，经济作物为 1.8%，饲料作物为 3.4%，绿肥作物为 4.1%。几种主要农作物占用耕地的比重是：双季稻和一季中稻为 68.55%，红薯为 17.79%，花生为 5.34%，玉米为 2.94%，辣椒为 2.79%，烟叶为

2.33%。

新化县山地广阔，历有"七山一水一分田，一分道路和庄园"之谚。森林资源丰富。昔日诗人描述："行人五六月，赤日忘当空"。民国二十九年（公元1940年）《湖南森林概况》载："新化有林地面积452.61万亩，成材林木2027.61万株"。山区民众历以"树苑、茶苑、竹苑"为主要生活来源。通过资水船运，向益阳、武汉等地销售木材、楠竹和夹板纸、玉兰片、药材、桐油等林副产品，换回粮食、棉布、食盐等生活物资，故有"吃穿靠三苑"之说。但多系天然次生林，人工造林少，林种单一，森林采伐利用率低，山民林业收入低微。1949年后，政府重视林业生产，大力开展造林、护林工作。1952—1989年，全县人工造林251.42万亩，保存面积78.33万亩；"四旁"（宅旁、村旁、路旁、水旁）植树4911万株，并建成杉木速生丰产林基地58万亩，先后被列为湖南省重点林区县、速生丰产林基地县及楠竹、油桐基地。1989年，全县有林地269.29万亩，林种结构发生了显著变化，其中经济林由1955年的4.1万亩上升到1989年的14.71万亩，全县667万亩杉木人工林活立木蓄积量已达85.89万立方米。在国家对木材实行计划管理的1953—1989年，全县累计收购木材101.13万立方米、楠竹1098.41万根，对国家作出了较大贡献。

县境林地分布受雪峰山弧形构造和祁阳"山"字形构造体系的交接复合并多次影响，形成一个四面环山、中部呈龟背形凸起的山间构造盆地。山势以天龙山（海拔1140米）为余脉，横亘南部；以风车巷（海拔1585.2米）至古台山（海拔1506米）为主脊，雄驰西北。主要山峰有桐凤山、奉家山、长茅界、斗笠山、笔架山。北部大熊山九龙池（海拔 1622 米）为全境之巅。最低的苏溪（杨木洲乡）资江谷地海拔 150 米，相对高差 1472 米，地形比降达 89.8%。西部山区层峦叠翠，是杉、松、竹、柏及油桐、棕片集中产区。东部中低山并驻，多呈雁形排列，自西北往东南有鹰咀岩、望河岭等 6 组山脉，沟谷起伏相间。东侧边缘中山、中低山为湘资分水岭，以龙高岭（海拔 863 米）最高，是经济林、坑木林主要分布区。中部平岗丘林错列分布，地势低洼，是经济果木林的主要生产基地。

新化历来为湖南省干旱大县。水利不兴，民生难济。自宋熙宁五年（公元 1072 年）置县，至民国历时 870 余年，执掌县政者 210 多人，其中虽也有一些留心民食的贤达之士为抗御水旱灾害做过努力，终由于社会制度的约束、人们认识自然能力的局限及其他条件的影响而未能明显奏效。至清代末，全县河、坝、陂、塘等水利设施总数仅 400 余处，多数蓄水工程仅能灌数亩之田，稍大者亦不过供数村之用，抗旱能力甚低，稍有干旱则遍地枯焦，饿殍载道。民国中后期，政府对兴修水利有所倡导。民国二十九年（公元 1940 年），县政府颁发"强制修建塘、坝、水井"的文件，并派员下乡督催。抗日战争胜利后，县国民政府又采取经济、行政等多种手段督修水利，新增了一批塘坝设施，抗旱能力有所增强，然亦未能改变"大旱大减产，小旱小减产，风调雨顺增点产，半年糠菜半年粮"的历史局面。从 20 世纪 50 年代起，县委、县人民政府明确以水利建设作为政府工作之重点，依靠一批深谋远虑、埋头实干的领导骨干和水利技术人员，发动全县数十万农民群众，连续组织了多次艰苦的水利战役，有计划、有步骤地完成了以车田江、梅花洞、半山、龙溪、太平、茅岭、炉观坝等水利工程为骨干、遍布县境东西南北的"七大灌区"（原八大灌区之一的周头水库划入冷水江市）体系，加上一大批机电排灌设施。1989 年，全县蓄引提总水量达 4.62 亿立方米，灌溉耕地 50 余万亩，其中旱涝保收水田 3972 万亩。30 余年的水利建设，有时虽也有急于求成的某些失误，但全县水利面貌的基本改观是全县整体面貌变化的重要标志，这些变化无疑是历史性的。据 1989 年统计，全县蓄引提总水量达 4.62 亿立方米，仅为县境地表径流量的 14.1%，而实际净供水量 36 亿立方米，仅占地表水总量 11%。县内尚有 3 万余亩"天水田"无灌溉设施保障；尚有 150 个村、2 万余人口的饮水问题仍未完全解决。水利管理虽有加强，但"重建轻管"现象在当时仍存在。小水库中有 10% 的险库、病库；输水渠道质量不高，人为破坏严重，有效水量实际利用率降低。水域利用率不高。全县共有塘、库水域面积 35 万亩（1983 年农业区划数），可利用水域面积 20 万亩，20 世纪 80 年代末实际利用水域面积仅 3.8 万亩，不足 20%。水土保持工作动手迟，治理范围亦有限。水土流失仍有扩大趋势。近 40 年水利建设投资大幅提升。2021 年，全年水利工程共投入资金 5.78 亿元，其中中央投资 4.41 亿元，地方投资 1.37 亿元。治理水土流失面积 5.45 千公顷，其中水保林 1.79 千公顷、封禁治理 3.66 千公顷。

全县有国家 4A 级旅游景区 4 个，国家 3A 级旅游景区 4 个。2021 年共接待国内外旅游者 816.54 万人次，实现旅游综合收入 83.27 亿元。

据县水利局提供的调查资料，紫鹊界梯田地区 2008 年 16 个村共有人口 17419 人，其中农业人口 17258 人，农业劳动力 8747个，农业人口密度 269 人每平方千米，人均纯收入 1636 元，主要收入来源是外出打工的工资。梯田区一年种一季杂交中稻，冬天放水浸泡（浸冬），主要农产品为稻谷、玉米和红薯，用于自给。林产品为杉、松木材。近年来以金银花为主的药材生产发展较快。

第三节　历史文化背景

　　新化历史文化独具特色。一是蚩尤文化。经过多方面专家学者考证，梅山是苗瑶民族始祖蚩尤的故里，大熊山是蚩尤出生地。《史记》记载，蚩尤与黄帝交战，"黄帝杀蚩尤于黎山之上"，黄帝杀蚩尤后，乘胜追击，围剿蚩尤的根据地大熊山。所以《方舆胜览》中记载有"昔黄帝登熊山"，如今的大熊山林场部所在地古地名就叫"蚩尤屋场"，大熊山至今仍留有蚩尤坪、蚩尤屋场、春姬坳（相传春姬是蚩尤之妻）等遗址。二是梅山文化。梅山文化源远流长，是荆楚文化的重要分支。梅山宗教、梅山歌谣、梅山武术、梅山饮食、梅山服饰各具特色。梅山历史遗存很多。具有古代、近代文化色彩的古迹有梅山寺、梅公殿、熊山古寺、西云山寺、八仙庵、西团书院、文昌阁等人文景观。梅山人才辈出、人文荟萃。辛亥革命风云人物陈天华、谭人凤，爱国将领方鼎英，教育家、社会学家成仿吾，华夏名将陈正湘，国际主义战士罗盛教等，他们或有史传巨著，或有故居、遗物留在县境。三是紫鹊界梯田文化。紫鹊界梯田是人与自然的伟大杰作，是居住在这里的苗、瑶、侗、汉等多民族历代先民共同的劳动结晶。其独特的

耕作方式和天然的灌溉系统在稻作文化中独具特色，是山地渔猎文化与稻作文化糅合的历史遗存，也是梅山地域一处突出的标志性文化景观。

遗产地早在新石器时代就有人类居住，先民多为蚩尤、三苗后裔，是长沙蛮、武陵蛮的一个分支，他们在古梅山生息繁衍，不为外人所知。至东汉末年，这里的苗、瑶、侗等民族参与了长沙蛮组织的农民反抗统治阶级的战争，外人始知这里生活着一支化外蛮夷，称其为梅山蛮。宋熙宁五年（公元1072年）古梅山被"王化"后，陆续有汉人迁入，经过几百年的迁徙与同化，这里的先民几乎全部成了汉人，县域边远的部分少数民族村落随着区域的变迁，早已划归邻县管辖。至今我们在紫鹊界人的生产、生活中可随处找到梅山蛮的生活痕迹。梅山蛮不仅在紫鹊界开凿梯田，创造了稻作文化奇迹，而且依照世代相传、相宜、相克的传统，择时、择地建立起一座座干栏式板屋，在院落周围栽种风水林木。这些板屋和风水树点缀在成千上万的梯田之间，黄昏时分不时升起的缕缕炊烟，鸡鸣狗吠声、细润的流水声与天籁之声，融成美妙的田园交响曲。

一、蚩尤故里

新化县位于湖南中部、资水中游、雪峰山东南麓，是梅山文化的核心区域，有着中国梅山文化艺术之乡、中国蚩尤故里文化之乡、全国武术之乡、中国山歌艺术之乡、中华诗词之乡的美称。近年来，新化县推出《蚩尤故里·天下梅山》《蚩尤故里·多彩新化》等一系列宣传片，开展了一系列的宣传活动。2006年10月，于新化召开的"中国第四届梅山文化研讨会"上，中国民间文艺家协会根据国内外一系列知名民族文化专家的考察和认证，正式发文授予湖南新化县"中国蚩尤故里文化之乡"的称号。尽管目前对"新化是蚩尤故里"这一观点尚存在一定的质疑和批评，但新化作为梅山文化的核心区和"蚩尤屋场"所在地，被称为"蚩尤故里"，也有一定的道理。

二、"紫鹊界"的由来

也许人们都听说过"紫鹊界"，一个诗意优美、充满仙气的名字，一个梦幻虚缈、令人向往的地方，然而紫鹊界名字的来历，很多人却并不知晓。紫鹊界就位于有"蚩尤故里"之称的新化县，当地流传着"止客界""纸钱界""纸鹊界""紫鹊界"等不同版本的传说，也诉说着紫鹊界悲怆的历史演变。

（一）说法一：止客界

紫鹊界系雪峰山脉中部的奉家山体系，是新化著名的高寒地区，其中有一段垂直高度为 600 米的陡坡，因山高坡陡，青石板路不得不以"之"字形逐级搭建，让人望而却步，故名"止客界"。对"止客界"的名称还有另一种解读。紫鹊界当地流传着一句谚语："天下大乱，此地无忧；天下大旱，此地有收。"紫鹊界一带得天独厚，崇山峻岭中的基岩裂隙孔隙水十分丰富，哪里有裂隙，哪里就有水冒出来。成土母质为花岗岩风化物，地表为沙壤，疏松透水，虽是高山，大旱之年也从不干涸，满山树木葱茏，水稻年年丰收。因山美水美、田美人美，客人被此地的风景所迷，不愿意离开，止步欣赏美景，所以也称"止客界"。

（二）说法二：纸钱界

紫鹊界地区曾经是苗、瑶、侗民族杂居之地，古时这一带多深山密林、幽谷深涧和山洞，几乎与外界隔绝。相传这里的居民乃盘瓠的后裔。历代史籍对其称谓不尽相同，春秋战国时称"荆蛮"，汉代称"长沙蛮"，隋代称"莫徭"，唐代称"梅山蛮"。梅山蛮坚忍自立，他们在这块土地上生息繁衍，不仅创造了不朽的梯田稻作文明，而且和汉族同胞一起创造了灿烂的梅山文化。然而，在历史上，沉重的赋税和灾荒曾激发了苗、瑶、汉族等民族之间的斗争。据广西《奉氏家族文化》与新化《奉氏族谱》记载："南宋绍熙四年，因南蛮猖獗，时任邵州招讨使的奉朝瑞与高皇城奉命率族南征，驻军江东（今属溆浦县）、锡溪（今属水车镇）从是年冬十一月至翌年夏，大小60余战，降服36峒。"水车镇杨氏宗祠内杨天绶像的碑文记载：

"元至元年间，天下大乱，枭雄蜂起，天绶为朝廷，保南山护乡民，勇抗敌寇，被暗箭所伤捐躯，英年32岁。"

特别是自明正德三年（公元1508年）至明万历十一年（公元1583年）期间，由于饥荒，持续发生了以李再万、李再昊、李廷禄为首的大规模瑶园起义，后遭到镇压。在这场长达75年之久的官民之战中，瑶民死伤无数，千万尸骨撒遍紫鹊界的山山岭岭，至今留有杀人地名，如"杀人场""踩尸坳""死人岭"等。后人常备纸钱祭奠亡灵，当地经常看得到满山青烟缭绕、白纸飘飘，因而也叫"纸钱界"。直到现在，紫鹊界的村民清明时节制作的"青团"也是最漂亮的。

（三）说法三：纸鹊界

相传清初，紫鹊界双林村有个奇人叫李万王，他推算县城北曹家镇的天子山上会出天子，于是他在屋里夜以继日地剪纸人纸马，只等天子一出世，这些纸人纸马将化作天兵天将帮天子打天下。李万王就这样剪了三年，再有半年便可以将"兵马"备齐。他弟弟对他的奇怪举动早有疑惑，有一天，李万王去菜地干活，弟弟偷偷打开房门，数万纸人纸马一见光就活了，"轰"的一声腾空而起，向纸钱界上飞去。李万王见势不妙，赶紧放箭向纸人射去，只见它们纷纷落地，掉落在纸钱界高高低低的梯田里，而那支箭继续飞行，飞进了皇宫，插在了殿柱上。正在上朝的皇帝大吃一惊，急令缉拿凶犯。这样追查下来，终于查清了是李万王射出的箭，便将他处死。人们为了纪念奇人李万王，遂将纸钱界更名为"纸鹊界"。

以上这些名字的传说大多让人感到压抑，后有文人墨客听了这些传说和翻阅诸多的文献后，取"紫鹊高飞""紫气东来"之意，将"止客界"等名字，谐其音更名为紫鹊界。

三、区域社会变迁

（一）政区沿革

历史上，紫鹊界属古上梅山地。据《宋史·梅山峒蛮》记载：

> "梅山峒蛮，旧不与中国通。其地东接潭，南接邵，其西则辰，其北则鼎、澧，而梅山居其中。"

新化是古梅山的核心区域，历为"梅山峒蛮"聚居地。周时为荆州之域，春秋属战国楚地，秦属长沙郡，汉属益阳县旧梅山地，后汉时地属昭陵。吴以零陵北部为昭陵郡，分昭陵置高平。晋武帝太康元年（公元280年）改高平为南高平，后复回高平，隶属邵陵。宋、齐、梁俱因之，寻废。梁末陈初，以邵阳为郡治，省高平，入邵阳。隋隶潭州，唐入邵州，五代时为西南少数民族所统治。宋初地属邵阳，宋熙宁五年（公元1072年）开梅山，置新化县，隶属邵州。南宋宝庆元年（公元1225年）属宝庆府，元属宝庆路，明、清均属宝庆府。辛亥革命后，民国三至十年（公元1914—1921年）属湘江道，民国十一至二十六年（公元1922—1937年）直属湖南省，民国二十七至三十八年（公元1938—1949年）属第六行政督察区。1949年10月21日成立新化县人民政府，属邵阳专区。1977年属涟源地区，1982年涟源地区更名为娄底地区，1999年7月娄底地区改娄底市，新化县人民政府驻上梅镇。2005年1月，新化县人民政府搬迁至梅苑经济开发区。

新化县始建于宋熙宁五年（公元1072年），《明一统志》载，初置县在今治，绍圣中，迁白溪，后复迁今治。而《方舆纪要》则云，始建于白溪白石坪，绍圣中移于今治。清道光《新化县志》、同治《新化县志》各卷之间，均有以上两种不同的记述，各有依据。究竟首先建于何处，年深月久，无从考证。至于白石坪，在明代属石马乡，清属旧县村，民国时期属时雍乡，新中国成立后属白溪区何思乡。20世纪70年代沦入柘溪水库，现只存"东门山""南门垴""西门溪""渡头街"等古地名；今治在明代名在城厢，民国时先后易名梅城镇、城厢镇，今名城关镇。为新化县的政治、经济、文化中心。

县辖政区也不断调整。明洪武十四年（公元1381年），朝廷命各州县划分里甲，城区称厢，农村称都，统称为里，每里各给10甲，每甲由11户组成。并编造以户为主，详列丁口、田产以及应负赋役的簿册4份，分存各级政府作征收赋役根据，命名为"黄册"。

当时，新化编户 20 里，城区 1 里（在城厢）、农村 20 里，县西南为大阳乡，辖 10 里；县正南为永宁乡，辖 7 里；县东北为石马乡，辖 3 里。当时规定：十年令有司更定其册，省贫里，使其民附于近里，而析富里为二，以补原额。至明万历十六年（公元 1588 年）编修县志时，大阳乡为 11 里，有一都、二都、三都、四都、五都、六都、七都、上八都、下八都、九都、十都；永宁乡为 6 里，有一都、上二都、下二都、三都、四都、八都；石马乡为 3 里，有二都、三都、五都，其中永宁乡有八都而无五、六、七都，石马乡有五都而无一、四都，大阳乡之八都、永宁乡之二都，又均分为上下两都。清康熙三十五年（公元 1696 年），析石马三都一部分为石马一都，又将石马五都并入大阳一都，并增设在城二厢、在城三厢、大阳十一都、永宁五都四里。共 26 里，辖 260 甲，甲以序数为名。清代初年，地方政区的基层组织仍沿袭明代的里甲制度。嗣以土地兼并过多，地粮随之转移，人丁迁徙频繁，致里甲无一定疆界，官兵诸多不便。因此，在康熙末年，根据自然地理形势，将全县编为 128 村（后洋溪村并入利村，合为 127 村），作为政区的基层组织。此后在清道光十二年（公元 1832 年），崇瓦村分为崇溪村、瓦窑村，全县又为 128 村。咸丰年间，为抵御太平军，新化设局办团练，以团统辖各村。清同治元年（公元 1862 年），正式将全县 127 村（在此之前，崇溪、瓦窑两村又合为一村）划为 16 团管辖。清宣统二年（公元 1910 年）新化设自治筹备处，开办自治研究所，改团村为乡、镇。凡人口超过万的置镇，不足此数的置乡，共 16 乡、镇，即城厢和大同、永固、西成、时雍 4 镇及安集、遵路睦、敦信、中和、遵义、永靖、永清、永安、知方、兴让等 11 乡。领属关系与团村基本相同。

1912年后，行政区划仍沿袭清制为1厢4镇11乡。民国二年（公元1913年），永靖、兴让、亲乡改为镇。民国十年（公元1921年），析西成为西成东乡、西成西乡。民国十八年（公元1929年），成立地方自治筹备处，置8区、15乡和锡矿山直属镇。民国二十年（公元1931年）6月，析全县为198乡、镇，民国二十四年（公元1935年），并为14镇，民国二十五年（公元1936年），缩编为75乡镇。全县实行保甲制，辖1137保、11468甲。民国二十七年（公元1938年），又将7镇并为37乡镇，将1137保并为434保，将11468甲并为6484甲。民国三十六年（公元1948年），根据省颁"乡镇区域调整办法"进行扩乡并保，将原有的37乡镇，改为2镇16乡。原梅城镇和镇梅乡并为城关镇；原渡溪、蜈赤2乡并为永清乡；原吉黄、大陂2乡并为兴让乡；原矿山镇和安集乡并为安集镇；原大公、大道、大成3乡并为大智乡；原南平、临资2乡及屏南乡的一、二、三、四、五、六保并为遵路乡；原古梅、维山2乡及屏南乡的七、八、九、十保并为亲睦乡；原镇东、镇南、镇西、镇北4乡并为永固乡；原锡田、奉家2乡并为永靖乡；原禾林、苍桐2乡并为敦信乡；原平山、罗江2乡并为平罗乡；原吉塘、鹅塘2乡并为吉鹅乡；原镇资、乐山2乡并为知方乡；原太和、四教、礼智3乡并为时雍乡。原大有乡易名为大仁乡；原中和、遵义、永安3乡未并，仍为原名及原有地域未变。扩乡并保后，境内为18乡镇、261保、4540甲。

新中国成立不久，新化县即建立区、乡、村、闾基层政权。全县置6区、16乡2镇、261村、4540闾。1950年3月，仍为6

区。析 18 乡镇为 37 乡镇，261 村为 434 村。6 月，成立锡矿山矿区人民政府，辖漆矿、七里 2 乡和飞水岩、矿山、冷水江 3 镇。全县分为 13 区，改以驻地命名，析 37 乡镇为 232 乡镇，11 月，将 232 乡镇调整为 247 乡和梅城镇。撤销连溪区，以兴隆、中连、下连、船山、晏家、永溪、车田 7 乡划入矿区管辖。将化溪、滴水、坪烟、侯石、满竹 5 乡并入梅城区，坪溪乡并入油麻凼区。12 月，13 区复以序数为名，将 248 乡镇调整为 238 乡和 8 街。并析梅城区 8 街和城南、北塔、上渡等 3 乡置城关区。1951 年 10 月，析第八区坪上等 18 乡，第九区龙溪铺等 12 乡和第四区田心等 4 乡入新邵县。析第十区罗洪等 20 乡、第十一区水车等 13 乡入隆回县。1952 年 8 月，撤销锡矿山矿区，所属 8 乡重归新化县。11 月，再次调整，全县划为 21 区、545 乡、3 镇。1953 年 3 月，仍为 21 区，将 548 乡镇、10 街缩为 380 乡。5 月，撤销第十九区，将江东等 11 乡划归溆浦县。留下大坪、铁炉 2 乡入第十二区，长峰乡入第六区。同时，隆回县第六区除福田、麻罗 2 乡外，水车等 12 乡重归新化，为第十九区。6 月，仍为 21 区，辖 394 乡镇。1956 年春，撤区并乡，将 380 乡镇、8 街并为 69 乡、8 镇。9 月，设 10 片和城关镇，领 76 乡镇。12 月，设 12 办事处和城关镇，领 76 乡镇。1957 年 12 月，撤办事处，设 15 基点乡和城关镇，领 61 乡镇。1958 年 8 月，将田坪乡星星农业社 1、2、3 队（申家山）划归涟源县吉塘乡，白岩乡的桐子拜划入涟源县漆树乡。9 月，全县农村实现人民公社化，除保留城关镇以外，农村区乡改 25 个人民公社，辖 441 个生产大队，3282 个生产队。1960 年析禾青、毛易、矿山、中连、渣渡 5 个人民公社置冷水江市。1961 年 3 月，将 20 个公社析为 61 个公社。8 月，复置燎原、游家、南源、吉庆、田坪、洋溪、水车、炉观、横阳、琅塘、白溪、圳上 12 区及城关镇，将 61 个公社析为 91 个公社和 3 镇，以区辖公社镇。1962 年 7 月，冷水江市入新化县，就地置冷水江特区，辖 13 个公社、3 个镇。至此，全县有城关镇、13 区辖 106 个公社、5 个镇。1968 年 11 月，撤区并社。1969 年 12 月，在全县农村复置 13 个区，将 47 个人民公社析为 88 公社、2 镇，辖 1199 生产大队。1975 年初，撤销冷水江区，将矿山、铎山、三尖、岩口 4 个人民公社划归冷水江市，化溪人民公社入燎原区，晏家人民公社入田坪区，并析晏家置车田江人民公社。至此，全县农村为 12 区 85 个人民公社、2 镇。1983 年 6 月，在枫林公社进行政、社分设试点，经换届选举，成立枫林乡人民政府。8 月，析鹅塘、滑石公社各 5 村置西河镇，析琅塘公社置琅塘镇，析游家公社置游家镇。年末，全县有 12 区和城关、西河 2 县辖镇，有洋溪等 4 区辖镇、枫林乡和 84 个人民公社。1984 年 5 月，炉观、横阳、圳上 3 个人民公社改为炉观、孟公、圳上 3 镇。全县 84 个人民公社改设为乡人民政府，将 1199 个生产大队改为村。将城关镇五一街改名南门街，建设街复名青石街，红卫街复名南正街，劳动街复名井头街，永红街复名永兴街，解放街复名西正街，东风街复名东正街。1985 年 3 月，城关镇增设立新桥、城南、城东、火车站、园株（楮）岭 5 个居民委员会。1986 年 12 月，洋溪、白溪、游家、琅塘 4 乡并入洋溪、白溪、游家、琅塘 4 镇。1988 年 8 月，撤销水车乡，以其行政区域置水车镇。1989 年 12 月，撤销上渡乡，以其行政区域并入城关镇。城关镇增设桥东、望城两个居民委员会。年末，全县有 2 区级镇，12 区，8 乡级镇，77 乡，6 农林渔场。

辖 1142 个村民委员会，11743 个村民小组（不包括农林渔场所属村民小组）。

位于紫鹊界核心区域的水车镇，明时属永宁七都，清时属永靖团，民国归锡田乡。1949 年 10 月新中国成立时属新化县第五区；1950 年为新化县第十一区；1952 年划归隆回县，为隆回县第六区；1953 年重归新化县，为新化县第十九区；1956 年撤区并乡为水车办事处，辖水车、锡溪、文田、奉家等 4 乡；1958 年为水车、奉家人民公社；1961 年调整为水车区；1995 年由水车区的水车、大同、锡溪 3 个乡合并为新的水车镇。

据 1996 年出版的《新化县志》描述，水车区位于县城西部边陲。东邻洋溪、炉观区，南界隆回县金石桥区，西北抵溆浦县，东小部分接横阳区。总面积约 66 万亩，其中水田 56915 亩，旱地 13028 亩，林地约 44 万亩。辖 1 镇、7 乡、83 村、1074 组、990 自然村，19247 户，7597 人，男女劳动力 36939 个。水车区始建于 1950 年。1949 年前为永靖乡，1949 年后建政属新化县第五区，后析为十一区。1951 年，划给隆回县为第六区，1953 年重回新化县，为第十九区。1958 年为水车、奉家人民公社，1961 年调整体制为水车区。区公所驻水车镇，东距城关镇 51 公里。水车区分布在奉家山区以及奉家山与古台山区之间。全区地形复杂，西南、东北偏高，东南、西北较低。风车巷屹峙西南，海拔 1585.2 米，是新化县第二高峰。南部三搭界海拔 1478 米，白旗峰 1464 米，西部元头山 1459 米，百牛凼 1515 米，红岩山 1498 米。区公所驻水车镇，在全区地势较低，亦有 513 米。全区山高气温低，年无霜期 220 天左右，奉家、双林则仅 180 天左右。区内山溪有 20 来条，大都是刚起源的小溪。东南流向的有大洋江，境内长 15 千米，支流总长约 50 千米。往西北流的有渠江，境长 22 千米，9 条支流总长 120 千米。全区主要经济是农业，以中稻为主，山区则粮、林并举。水利灌溉以山溪、泉水为主，筒车在部分村仍为重要提水工具。近年经济作物发展较快，主产茶叶、土纸、魔芋、雪花皮、薏米，产量已具规模。林业因"大跃进"中砍伐过量，尚处恢复时期，活立木蓄积量有 20 多万立方米，楠竹约 800 万根，大都是幼林，每年间伐材在 2000 立方米左右。乡镇企业有农机、加工、制茶、采矿、水电等 66 个厂家，有机电设备 1240 台件。各乡镇都通客班车。县第七中学设在水车镇，区内有初级中学 8 所，小学 84 所，在校学生 1.3 万人左右，有地区医院 1 所，卫生所 8 所，病床 84 张。水车镇 10 村：水车、清江、扶竹、直乐、石禾、长石、古城、共和、楼下、塘家。大同乡 13 村：崇阳、大同、黄垅、东溪、莫家、仙石、米家、田家坡、吉山、上溪、建国、三角、道观。锡溪乡 12 村：锡溪、奉家、白水、龙普、石丰、金龙、老庄、龙湘、镇龙、荆竹、白源、柳双。双林 7 村：双林、竹湖、石坑、红田、白沙坪、向北、玄溪江。奉家乡 15 村：坪下、关王、许家、横南、毛家、大桥江、横拉坪、川坳、茶坪、月光、报木、毛坪界、杆子、坪上、横江坪。上团乡 7 村：上团、下团、坪溪、卯溪、寨园、岩板、沫溪江。文田乡 11 村：茅田、文田、青京、浪山、石燕山、桥坪、先辉、新屋场、方竹、坪树、欣欣。大田乡 8 村：大田、龙溪凼、傅公坳、石羊、上横溪、竹鸡、芭蕉、小长。

水车区各乡（镇）1989年基本情况

乡镇名	驻地	面积				村组			户口		
		总面积/万亩	水田/亩	旱地/亩	林地/万亩	村数	组数	自然村数	户数	人口/人	劳动力/人
水车镇	水车镇	4.47	9495	1249	2.1	10	163	81	3017	12146	5335
大同乡	崇阳洞	5.97	7928	1618	4.0	13	141	101	2585	9990	4938
锡溪乡	锡溪村	7.77	10554	1681	4.2	12	161	131	2997	11814	6353
双林乡	末时坳	6.30	6358	584	4.0	7	95	88	1646	6462	3326
奉家乡	坪下	18.83	6450	2296	15.0	15	170	247	2559	10104	4602
上团乡	上团	8.38	2700	2375	7.3	7	69	95	1152	4661	2452
文田乡	文田街	7.5	7208	1633	4.8	11	149	146	2940	11588	5713
大田乡	大田村	7.13	6267	1592	3.3	8	126	101	2351	9206	4222
小计		66.35	56960	13028	44.7	83	1074	990	19247	75971	36941

（二）文明冲突与民族融合

开梅山之前，紫鹊界是苗、瑶、侗等少数民族杂居之地，开梅山后才逐渐有汉族进入。这些苗、瑶、侗等少数民族的先民为了反抗封建统治压迫，不缴税赋，不赋劳役，古称莫徭。历史上，为了反抗沉重的赋税、抵御连年的灾荒以及争夺生存资源，紫鹊

界地区发生了无数次大规模的战争，死伤无数。

后唐天成四年（公元 929 年），楚王马殷遣江华指挥使王全率精兵 3000 人攻打梅山。梅山首领扶汉阳将王全诱至与沩山毗邻的"九关十八锁"困而杀之，王全全军覆没。

北宋开宝八年（公元 975 年），宋将石曦攻入梅山，捣毁板、仓诸峒，俘馘（割左耳）峒民数千人。宋太宗太平兴国二年（公元 977 年）秋，朝廷遣翟守素攻打潭州一带的梅山原住民，此役俘虏梅山原住民 2 万人，斩杀 1.2 万人。宋神宗熙宁五年（公元 1072 年），朝廷派章惇收复梅山。南宋绍熙四年（公元 1193 年），时任邵州招讨使的奉朝瑞，驻军江东（今属溆浦县）、锡溪（今属水车镇）、坪下（今属奉家镇），从冬 11 月至翌年夏，大小 60 余战，降服 36 峒。

元明鼎革时，紫鹊界的罗姓、杨姓积极参与了元与南明之间的战争，两位万户一个保元，一个为明，各为其主战于巴油，都称对方为"寇"。杨天绥攻罗友朋于巴油浆塘，被暗箭射杀。后杨天绥长兄杨天继结集兄弟乡党立洋溪南山寨，引诱罗友朋之子罗志夫深入南山，将之围歼，报了弟仇。

明朝时，"朱洪武血洗湖南，扯来江西填湖广"。千村血洗，万灶烟寒，遍地焦土，百姓逃亡，十室九空。紫鹊界爆发了历史上时间最长的农民起义，于明正德十四年（公元 1519 年）至万历十一年（公元 1583 年），战争持续 65 年之久。

明清鼎革时，新化依然战事不止，紫鹊界山民受害匪浅。王进才、袁宗第、刘体纯等在新化辗转两年时间，使新化人深受其害。之后，又有牛万才的暴行。清朝中叶，大的战乱已平息，但是仍有征剿苗、瑶"负固不服"者。防苗、剿苗、降苗、抚苗，仍然是当时清朝统治者的重要任务之一。

在这样的剧烈冲突过程中，各民族之间也加速交融，生产生活方式、文化等逐渐融合。

四、地方文化传统

旧时，梅山瑶人爱好鼓乐，能歌善舞。农事稍闲，男女聚而踏歌。一二百人为曹，手相握而唱和，数人吹笙在前导之。十月农事毕，瑶寨举行报赛，此为瑶族盛大节日活动：众各挝鼓鸣金，吹角掌号。刳长木空其中，冒皮其端，以为鼓，使妇女之美者跳而击之，择男女善歌者，皆以优伶金蟒衣，戴折角巾，剪五色纸两条垂于背，男左女右，各出财物为注，其男子以绸绢，女子以簪环，各结队对歌，彻夜不休，以争胜负，胜者取其物去。元、明以降，风俗代变，民间文化活动亦随之衍化。清同治《新化县志》对县境民间文化活动有所记载。立春先一日，长吏率僚属迎春于东郊之亭，各市户装演故事随行。正月十五为元宵节，市户各张灯于堂，鼓吹相闻，扬灯于市，童子携灯歌唱，遍诣人户送喜，半夜不禁。五月五日端阳节，沿江一带举行龙舟竞渡。七月七日夕为七夕，民间结彩于楼，穿针乞巧。八月十五中秋节，以楠竹扎竖鳌山，上设灯彩。民国时期，民间文化活动常见形式有采莲船、踩高跷、蚌壳舞、地花鼓、龙舞、狮舞、送春牛、送财神、唱土地、渔鼓、三棒鼓等。龙舞、狮舞最为普遍。各地有龙会、狮会组织，为之筹措活动经费。洋溪的龙会为红龙甲、黄龙甲、蓝龙甲、白龙甲、黑龙甲。名门大族成立狮会，狮会多与宗族相联系。龙舞多在白

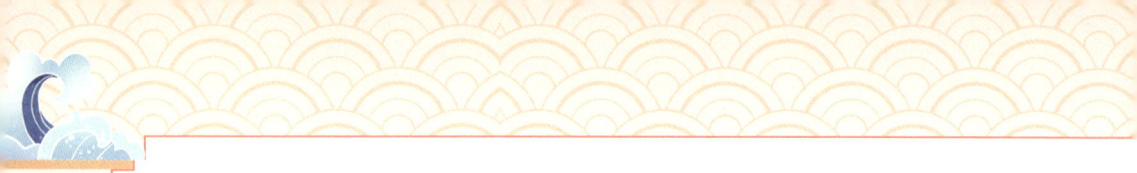

天进行，狮舞则多见之于晚上，且常伴有武术表演。春节后，各地常请戏班唱戏。正月十五城乡沿习举行灯会。农历五月十三日，传说为关公（三国名将关云长）生日，滑石等地常请木偶剧团"唱愿戏"，祈求五谷丰登。上渡、上田、北渡、宝塔下一带则兴唱禾苗戏。其他各地每年也多有木偶戏演唱。

新化县是山歌之乡。劳动之余、喜庆节日、婚娶祭丧，县人常以歌谣抒发感情，长期以来，形成独具特色的新化民歌。其特点是：蛮、野、逗、辣。从内容划分，可分为历史歌、时政歌、劳动歌、仪式歌、情歌、生活歌、传说歌、儿歌等。历史歌有洞事歌、族歌、宗师歌。《歌本歌》记载了梅山歌谣的起源，《骂歌》表达了梅山人民对宋将田绍斌屠杀梅山峒民的声讨。时政歌有《清末民谣》《民国元年游行歌》。劳动歌有樵歌、猎歌、田歌、秧歌、茶歌、开山歌、拓石歌及各种劳动号子。《资水滩歌》长达600多行，对资水滩多水险及沿岸山川地理、土产山货、风俗人情、船工生活作了生动描绘。仪式歌有喜堂歌、丧歌、庙堂歌、茶赞、酒赞、神诰和各种仪式歌。歌谣中，数量最多、最脍炙人口的是被称为"陶情歌"的情歌。生活歌有反映封建婚姻制度不合理的《十八姐三岁郎》《世间最苦单身娘》等。传说歌《杨益与潘九娘》叙说了梅州潘九娘相亲选中担柴郎杨益的故事。儿歌、摇篮曲有《月光光》《摇呀摇》等。新化民歌不但内容丰富，而且形式多样。在句式结构上，有四句头、六句头、八句头和长段子，有七字式、五字式和长短相间式。因地域不同，民歌唱腔亦有差异，有高腔山歌、平腔山歌之分。高腔山歌流行于奉家、上团、天门、长峰、金风、白岩等山区。因地势陡峭，交往不便，唱歌必须放开嗓子才能传得很远。这些地方的山歌具有高亢、嘹亮、粗犷、拖音长、节奏自由的特点，唱者用假声。平腔山歌流行于城区、白溪、洋溪、田坪等地。白溪、琅塘流行溜溜歌，洋溪还有一种独特的波罗山歌。在波罗山歌和滚板山歌中，高潮阶段是中间的滚板句，一般滚板一口气唱 20 个字以上，多的一句滚到 50 多字。

　　新化民间谚语非常丰富，县编谚语集成资料本收集民间谚语 1490 余条，特色鲜明，富有哲理，有些谚语虽嫌粗野，但阐明了事理；有些属于方言土语，口讲押韵写出来脱韵，如："有钱难买四月天，棒槌落地也生根。" 新化民间谜语亦很有特色。有的谜语，谜面几句话成为一组谜。如："一子尖尖，二子团圆，三子撑把伞，四子打把扇，五子艳艳红，六子红艳艳，七子生身疮，八子生身毛，九子双对双，十子放毫光"（谜底：辣椒、南瓜、蘑菇、芭蕉、苋菜、红萝卜、苦瓜、冬瓜、豆角、白瓜）。有的谜语，区域特色浓郁，如："高山垴上一笼蛇，放出来满山爬；高山垴上一笼鸡，放出来满山飞；高山垴上一只红扁桶，年年收的麦子种。"（谜底：树根、树叶、丁榔）

　　新化民间舞蹈有风俗舞、龙舞、狮舞、宗教舞等。其中龙舞有布龙、草龙、板凳龙、干龙船等数种。春节、清明城乡龙舞盛行，龙头大的叫狮子龙头，小的叫草龙头，舞龙时，龙前的大锣大鼓、龙后的龙钵锣鼓（或八音锣鼓）演奏造气氛。布龙用五彩布料罩于多拱竹架龙骨上，长数丈，每拱分别由一人执掌。草龙用稻草扎成，比布龙短小，舞法如布龙。板凳龙从益阳、常德传入，流行于洋溪镇。用长凳一端绑龙头，一端扎龙尾，四人各举一凳脚，前后翻滚转动。后改用布做龙身，龙头装木柄二，龙尾装木柄一，

由三人各握一根。表演时，配打击乐，奏小调曲。干龙船亦流行于洋溪一带，其道具是龙船上的木龙头，每逢端午龙舟竞赛后，余兴未尽，入夜将木龙头取下，人手各执一个，走街串户舞耍、比赛。由于道具太重，所以舞蹈动作较简单，仅"单手舞"、"双手舞"两种，步法也只有"左右上步"。县内曲艺形式有三棒鼓、渔鼓、丝弦、小调、花鼓花灯调、赞土地、打莲花闹、送财神、送春牛等。

第二章 灌溉梯田的历史演变

　　梯田修筑历史悠久，而且普遍分布于世界各地，尤其是地少人多的山丘地区。我国是一个多山的国家，山区面积（包括山地、丘陵和比较崎岖的高原）约占现有国土总面积的三分之二。生活在山区的古代先民为了求生存，勇敢地与大自然抗争，因地制宜地创造了梯田这种土地耕种方式，为中国农业的发展作出了重要贡献。紫鹊界梯田建设有着悠久的历史。由于遗产地世居民族没有文字，对其历史的考证主要依据有关文献及地方姓氏族谱、家谱的记载。

第一节　中国古代梯田开发历史

　　西周时期的《诗经·小雅·正月》中有"瞻彼阪田，有菀其特"的诗句，其中"阪田"系指山坡地上的田。它的出现早于写作该诗的西周幽王六年前后，即早于公元前776年，说明在约3000年前在坡地有了"阪田"，它是梯田的雏形。汉代时出现了区田，《氾胜之书》在对区田的论述中说："区田以粪气为美，非必须良田也。诸山陵近邑，高危倾阪，及邨城上者皆可为区田。"区田是把土地划分为若干田块，以便进行集约经营的土地利用形式。在

那些山陵、陡坡和土丘上筑起的上下起伏、高低错落的片片田块，应该视为梯田。可见汉代梯田的开垦范围进一步扩大，不仅可在山地而且在缓坡度的平原上也辟有梯田。从在四川彭山县东汉墓中出土的陶田模型中，我们看到了汉代南方在梯田上栽种水稻的形象资料。该陶田丘形狭斜，丘与丘相接如鱼鳞，可见当时的稻田依崎岖不平的山岭因地势建造的情形。该模型右上角有一长方形高台，台上有田埂纵横交错的稻田，与台下稻田呈明显的级差。这是东汉稻梯的缩影，有人认为"它很像四川今日的梯田，因此可以肯定后汉时四川已有梯田，而且已经相当发达"。

三国魏晋南北朝时期，江南的农业得到前所未有的发展。三国时期的鼎立局面，实际上是三个相互分立的经济区的对立，也是南方农业得到发展，拥有的经济实力可与中原抗衡的有力证明。孙吴在其控制的长江中下游地区，刘蜀在其以巴蜀为中心的"天府"之地，大力发展农业，推广牛耕，梯田也随之发展起来。曹魏在北方"穿山灌溉，民赖其利"。到了东晋时期，苻坚曾发"三万人开泾水上源，凿山起堤，通渠引渎，以溉冈卤之田"。梁家勉先生指出，所云"凿山起堤"以溉的冈田当是梯田。说明当时已重视梯田的灌溉水利事业。

唐代以后，我国的经济中心南移，由于陆地开垦过度，"土狭民众"的矛盾越来越尖锐，因此，正如欧阳修所说："河东山险，地土平阔处少，高山峻坂，并为人户耕种。"出现了"田尽而地，地尽而山"的形势。加之南方有比北方优越的水利条件，山地的开发越来越受到人们的重视，梯田有了长足的发展，建造梯田的技术已日趋成熟。宋人方勺在《泊宅编》中写道："七闽……垦山垄为田，层起如阶级，然每远引溪谷水以灌溉，中途必为之硙，不为碓米，亦能播精。"正是由于梯田的广泛兴起和司空见惯，梯田才成为文人墨客讴歌描述的对象，并出现了梯田这一规范化的概念。南宋范成大在他的日记中对所见江西宜春的梯田描述道：仰山"缘山腹乔松之硙甚危，岭阪皆禾田，层层而上至顶，名梯田"。这时的梯田已遍山皆是，层层而上直至山顶，呈现出甚为壮观的景象，表明这时的梯田已高度发达。

元代的王祯在《王祯农书》中专列梯田条，并对其构筑、垦殖及管理等详加说明。书中对梯田有这样的描述："梯田，谓梯山为田也。夫山多地少之处，除磊田及峭壁例同不毛，其余所在土山，下至横麓，上至危巅，一体之间，裁作重磴，即可种蓺。如土石相半，则必叠石相次，包土成田。又有山势峻极，不可展足，播殖之际，人则伛偻，蚁沿而上，耨土而种，蹑坎而耘。此山田不等，自下登陟，俱若梯磴，故总曰梯田。"

清代学者吴颖炎写道："凡山除岩峭壁莫施人力及已标择柴薪外，其人众地狭之所，皆宜开种。择稍平地为棚，自山尖以下分为七层，五层以下乃可开种。就下层开起，先就地芟其柴草烧之，而用重尖锄一劚两敲开之……两年则易一层，以渐而上，土膏不竭。且土膏自上而下，至旱不枯。上半不开，泽自皮流，润足周到。又度涧壑与所开之层高相当，委曲开沟，于涧以石沙截水，渟满乃听溢出，既便汲用，旱急亦可拦入沟中，展转沾溉也。至第五层，上四层膏日流，下层又可周而复始，收利无穷。"这段论述以坡地形态出发，而以坡地水出接纳、蓄存和周而复始之利用为中心，规划坡地梯田宜建的地形部位，反映了我国南方地区坡地梯田建设的特点。其特征表现为：坡地梯田生态系统总体运作的优化性；坡地梯田生态系统的多样性；坡地梯田生态系统中子系统间的协调性；坡地梯田生态系统中建筑、改造和利用的超前性和实际运作中的可操作性等。

由此可见，我国古代梯田的规划、建设和开发利用，经历了一个长期的不断发展和完善的过程，它在我国甚至世界坡地的水土流失防治、改造，保持水土和提高生态功能上占据重要地位，产生了极大的影响和推动作用。

第二节　紫鹊界梯田的早期开发

紫鹊界梯田历史悠久，由于先民没有文字，对其历史的考证主要依据有关文献及地方姓氏族谱、家谱的记载。1998 年，新化县文田镇龙溪村 11 组出土了 3 把磨制石矛，经专家初步鉴定为新石器时代晚期兵器，证明早在 4000 多年前紫鹊界这个地方就有人类居住。人们还在当地的几处古遗址中采集到磨制的石锛，大量的夹砂褐陶、红陶、黑陶与泥质灰陶片和碗、豆、罐、钵等，也证实在新石器时期这里已有先民频繁活动。战国时期的古墓群中还出土了随葬的铜斧、越式青铜剑和军乐器，等等。新化道光志载，贡生陈长炳有文云"秦时冯君者避秦乱潜身于兹，负岩为居，撷草木果蔬为衣食，后不知所终，有心者构天云庵以祀之"，也说明了秦时紫鹊界一带已有人烟。长期以来，专家学者对紫鹊界梯田的历史进行了大量的研究，据弘征的《紫鹊界梯田初垦于秦汉之前考》和熊传薪的《紫鹊界梯田初垦于秦汉考证》所述，紫鹊界梯田初垦于秦汉。

从大的历史背景看，紫鹊界北有 9000 年前稻作遗址澧县彭头山，东有 5000 年前的神农氏炎帝陵，南有出土 15000 年人工栽培稻的玉蟾岩，西有保存 7000 年神农像的黔阳高庙遗址。而紫鹊界正处于这四大古稻作文化遗址的几何中心，这种得天独厚的人文历史和自然地理环境及丰富的水资源，为紫鹊界开凿梯田创造了各种必备条件。

在下梅山有旧石器晚期的小淹遗址，上梅山有多处新石器时代遗物点，这里的族群是九黎、三苗的后裔。相传三苗有个首领叫善卷，他是尧帝之师，是一位舜帝也要让位于他的人物，为避舜之锋芒而隐居于武陵（西汉时的武陵郡在古梅山，今溆浦县），死后葬插合岭（古梅山腹地，资江河畔，今新化县大熊山对面的安化县）。既然有这么一位领袖人物隐居于梅山，他的族群生活在这里是毫无疑义的（刘范弟《善卷·蚩尤与武陵》，2003 年湖南大学出版社），他们是后来被称之为长沙蛮的一部分。他们的子孙循例韬光养晦，生息繁衍，在这片土地构建了"阡陌纵横"的世外桃源。新化道光志载的贡生陈长炳云：

> "秦时冯君者（有学者认为也许是'奉君'，新化方言冯、奉同音）避秦乱潜身于兹（指紫鹊界旁的一座山，叫古台山），负岩为居，撷草木果蔬为衣食，后不知所终，有心者构天云庵以祀之。"

既然有人到紫鹊界来避秦乱，说明秦时紫鹊界一带已有人烟，从梅山地出土的战国矛、剑等兵器和农具铲、镰等铁器，足见当

时这里生产力已相当发达。

秦末番阳令吴芮率部倒秦，被项羽立为衡山王，其部将梅绢功多亦封列侯。汉高帝五年（公元前 202 年）徙芮为长沙王，梅绢从之，以梅林为家，这里才有了"梅山"这个称谓（《史记》），东汉永寿三年（公元 157 年），梅山蛮夷首次参与了长沙蛮的反叛活动，山外方知有"梅山峒蛮"的存在，自此也打破了古梅山的平静。从后唐至宋熙宁数百年间，发生多次征剿梅山蛮夷的战争，山外汉人也陆续迁徙梅山。

第三节　宋至清代的紫鹊界梯田

唐宋时期，朝廷积极鼓励种植"高田"。"所谓山田、高田，因依山'层起为阶级'，俗称'梯田'；在宋朝时期，这种梯田在湖南已经很普遍。"据《新化地名录》记载，水车镇楼下村为罗姓族人聚居而成，其始迁祖罗彦一是北宋太平兴国年间（公元 976—983 年）迁徙来的，之所以取名叫楼下，是因村后陡坡的田土如楼梯而得名。可见，北宋初年紫鹊界一带的梯田已经初具规模。宋熙宁年间，朝廷委派章惇"招纳梅山"以上梅山置新化县，梅山峒民自此归服。宋熙宁五年（公元 1072 年），章惇在《梅山歌》诗中写道"人家迤逦见板屋，火耕硗确多畲田"，正是对当时苗、瑶等民族开发新化梯田的真实写照。新化王化以后，随着"给牛贷种使开垦，植桑种稻输缗钱"政策的推动和大量汉民的迁入，紫鹊界进一步从渔猎文化向梯耕稻作文化方向转化，山地梯田开垦数量大幅度增加，山地稻作文化得到空前发展。南宋邵州招讨使奉朝瑞于绍熙四年（公元1193年）到紫鹊界奉家山一带征剿蛮夷，降服36峒之后，却劝谕部属就地定居，理由是"天下大乱，此地无忧，天下大旱，此地有收"，奉姓后来发展成紫鹊界一带的名门望族。

元末战乱，田地荒芜，明初积极招徕流氓，奖励垦荒，并规定：

> "正官召诱户口有增，开田有成者，从巡历御史申举，若田不加辟，民不加多，则覆其罪。凡新垦田地，不论多寡，俱不起科。"

在这种政策鼓励下，新化田亩大增，梯田规模逐步发展。随着明清时期紫鹊界场部开发，许多直接为生产服务的公益设施相继建设起来。单以锡溪祠的茶亭为例，就有淡如亭、吉清亭、泽润亭等十多座，都是明清时修建的。而这些方便山民耕作休憩的茶亭，都由地方民众捐资并在茶亭购有固定田亩以保证茶亭给养，足见当时紫鹊界农耕稻作文化的兴旺。明万历年间新化教谕杨佑（钱塘人）在《新化怀古》诗中有"畲田仍粤俗、板屋有秦风"（《道光新化志》）等句，应算是对新化山民从秦至明在紫鹊界开垦梯田的一个历史性总结。到清代，紫鹊界的稻米远销山外，黄鸡岭的贡粮更是闻名遐迩，成了新化的渔米之乡、产粮基地。综上所述，紫鹊界梯田在宋代（公元10世纪）已有相当规模，闻名于清。

附：（宋）章惇《梅山歌》

开梅山，开梅山，梅山万仞摩星躔。

扪萝鸟道十步九曲折，时有僵木横崖巅。

肩摩直下视南岳，回首蜀道犹平川。

人家迤逦见板屋，火耕硗确多畲田。

穿堂之鼓堂壁悬，两头击鼓歌声传。

长藤酌酒跪而饮，何物爽口盐为先。

白巾裹髻衣错结。野花山果青垂肩。

如今丁口渐繁息，世界虽异如桃源。

熙宁天子圣虑远，命将传檄令开边。

给牛贷种使开垦，植桑种稻输缗钱。

不持寸刃得地一千里，王道荡荡尧为天。

大开庠序明礼教，抚柔新俗威无专。

小臣作诗备雅乐，梅山之崖诗可镌。

此诗可勒不可泯，颂声千古长潺潺。

——《宋诗纪事》

第四节　紫鹊界梯田现状

现在，紫鹊界梯田仍养育着 16 个村 17000 多人（见表 1），仍保留着传统的生产、生活方式。紫鹊界梯田的耕种，广泛采用杂交水稻之父袁隆平培育的"岗优 881、金优 191、籼优 58"等杂交粮种，大力推广旱土场坪育秧，而紫鹊界所产的糯米、红米、黑米远销山外，梯耕稻作依然是紫鹊界的支柱产业。同时充分利用稻田养鸭、养鱼，在座座板屋间栽种果蔬和风水树，旱地则广种花生、玉米、魔芋、百合、薏米、茶叶等经济作物。

表1　　紫鹊界灌区社会经济情况调查表（2009年9月）

辖区村名	户	土地总面积/千米²	人口总人口/人	农业人口/人	农业劳力/人	农业人口密度/（人/千米²）	农业人均耕地/亩	农业人均基本农田/亩	农业人均产粮/千克	农业人均纯收入/元	主要农作物	收入来源
白源	207	6.67	780	780	397	117	1.2	1.0	559	1630	水稻、玉米、红薯	金银花、打工
柳双	305	5.5	1041	1035	552	188	0.7	0.6	335	1670	水稻、玉米、红薯	耕种养殖打工
正龙	396	5.26	1440	1440	735	274	0.5	0.5	280	1570	水稻、玉米、红薯	耕种养殖打工
龙湘	256	3.48	976	976	425	280	0.6	0.6	335	1600	水稻、玉米、红薯	打工、楠竹
荆竹	315	7.84	1051	1051	610	134	0.6	0.5	280	1550	水稻、玉米、红薯	金银花、打工
石丰	148	1.83	549	549	268	300	2.6	2.3	1286	1650	水稻、玉米、红薯	耕种养殖打工
龙普	185	2.17	786	786	409	362	1.3	1.0	559	1708	水稻、玉米、红薯	耕种养殖打工
金龙	197	2.35	823	823	411	350	1.0	0.8	447	1680	水稻、玉米、红薯	耕种养殖打工
老庄	208	1.42	778	743	309	523	1.2	1.2	671	1720	水稻、玉米、红薯	耕种养殖打工
锡溪	468	3.27	1862	1862	1020	569	0.4	0.4	224	1500	水稻、玉米、红薯	打工、楠竹
奉家村	305	2.87	1200	1080	510	376	1.3	1.1	615	1700	水稻、玉米、红薯	耕种养殖打工
白水	384	6.34	1547	1547	793	244	1.0	0.8	447	1780	水稻、玉米、红薯	耕种养殖打工
长石	306	5.84	1275	1275	583	218	0.9	0.8	447	1650	水稻、玉米、红薯	耕种养殖打工

辖区 村名	户	土地总面积/千米²	人口		农业劳力/人	农业人口密度/(人/千米²)	农业人均耕地/亩	农业人均基本农田/亩	农业人均产粮/千克	农业人均纯收入/元	主要农作物	收入来源
			总人口/人	农业人口/人								
直乐	423	4.1	1387	1387	720	338	0.4	0.3	168	1490	水稻、玉米、红薯	金银花、打工
石禾	246	3.26	976	976	525	299	1.7	1.5	839	1770	水稻、玉米、红薯	打工、楠竹
楼下	222	1.96	948	948	480	484	1.0	1.0	559	1680	水稻、玉米、红薯	打工、楠竹
合计	4571	64.16	17419	17258	8747	5056	16.4	14.4	8051	26348	水稻、玉米、红薯	耕种养殖打工

第五节　紫鹊界梯田的综合效益

社会经济效益。紫鹊界梯田的社会效益主要体现在有赖于梯田所形成的独特文化，作为本地文化核心之一的稻作文明，对梯田具有极强的地缘依赖性，梯田是紫鹊界多民族文化发源、成长的沃土。

梯田在紫鹊界历史发展过程中有着极为重要的意义，梯田耕作作为梯田区人口繁衍发展与生计的主要手段，是当地居民经济生活中最重要的部分，为生存、繁衍、发展提供了坚实的物质保障和最强劲的发展动力。根据《新化县志》的记载，经换算，紫鹊界人口的发展概况见下图。

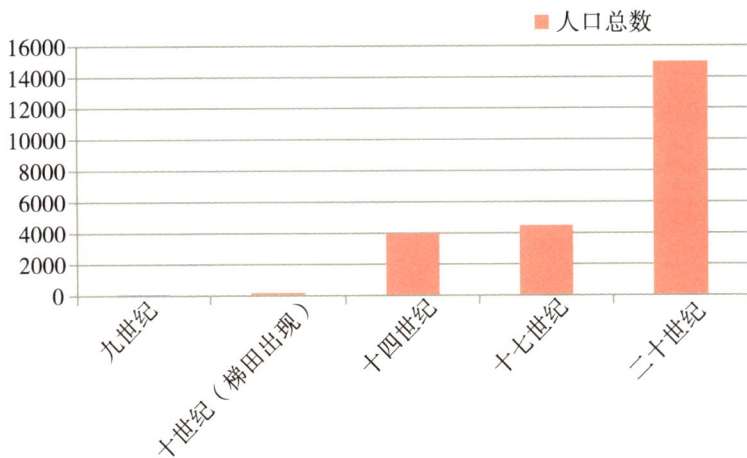

紫鹊界历史人口发展概况

紫鹊界6416公顷梯田，至今仍在养育着16个村17000多人口，传统的生产、生活方式在这里保留。高山上的2.55万公顷森林至今仍在提供生活用水和农田用水，69座堰坝、153.46千米水渠，仍在灌溉着千山万岭之上的梯田。紫鹊界水资源除灌溉稻田外，剩余水源汇集于山谷形成小溪，利用天然落差广泛用于水碾、水磨、饮用等生产生活设施，历史久远，卓有成效。

紫鹊界梯田作为本地人世所依赖的农田，除提供最为重要的大米和鱼虾、蔬菜等食物来源外，其经济效益与一般稻田相比，还蕴藏着巨大的旅游价值，旅游收入已经成为当地重要的经济来源之一。紫鹊界梯田的文化价值已得到了国内外的广泛认可，梯田产生的多元化效应体现了综合性的价值，并正在给新化县带来如旅游业、多种经济的发展模式等无限商机和发展机遇。

梯田与村庄

生态效益。紫鹊界先民因地制宜，在气候较寒冷的高山保留森林，保障了水源和自然环境的总体平衡；在气候温和的半山区

梯田与农舍

粮食丰收

建村落，便于人居和生产；在气候较热的下半山垦殖梯田，修建了坡地配水系统。由于森林的水源涵养和梯田的泥沙阻拦及蓄水作用，其生态效益主要体现在水土保持、地下水补给、对河谷的洪峰调节、水质净化、小气候调节等方面，其强大的生态效益有力地促进了经济和社会效益。据中国西北地区的研究表明，水平梯田蓄水效率和保土效率平均高达 86.7％和 87.7％；中国台湾研究表明，梯田作为水田种类之一，可提供陆生和水生动植物的孕育环境，具有环境保育功能，对生物多样性保护极为有利，同时，水田系统的水质净化功能使其具有污染控制能力。

第三章　梯田灌溉排水体系

　　紫鹊界梯田灌溉工程体系由三大部分组成：蓄水工程、灌排渠系、控制设施。紫鹊界水源由降水、山溪、泉水构成。紫鹊界先民在山间溪流上修建小型堰坝，拦水、溢洪、排沙、引水功能齐全。层层的梯田也有蓄水的功能，加上土壤涵养的丰富地下水量，保障了梯田作物充足的水资源。

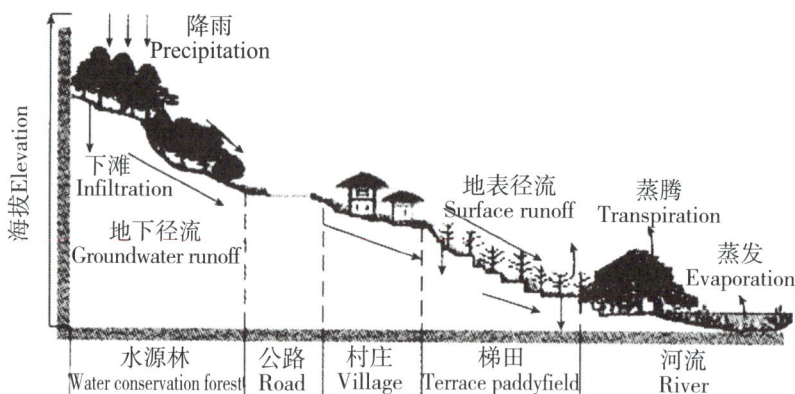

紫鹊界梯田自流灌溉过程

　　灌排渠系主要包括毛细沟圳和田块。从近至远、从上到下，输水方法多数采用"借田输水"；相对独立的田块区通过沟圳来灌溉，紫鹊界梯田这类渠道总长有 153.46 千米，都是土渠，挖掘和维护管理很方便，用最少的工程量保障了每块梯田的用水；水渠一般不串田而过，在田块内外侧用矮埂将过水渠和田分开；也有的用枧（竹筒做的渡槽）输水到孤立山头台田。通过这些设施，所有的梯田都实现了自流灌溉。

紫鹊界梯田的排水体系充分利用天然的山谷沟道，在相交输水渠和相邻梯田的合适位置开设排水口。这些沟溪既是梯田的供水水源，又是排水干道，与沿等高线方向平行分布的输水渠和条带形田块共同组成紫鹊界梯田的水系网。

第一节　蓄引水工程

紫鹊界山地植被茂盛，水资源涵养条件极好，每立方米土壤储水量达 0.2~0.3 立方米。山泉、山溪众多，常年不竭，溪流总长达 170 余千米，呈树枝状分布。紫鹊界成片梯田以引溪水灌溉为主，泉水直接灌溉只限边缘局部田块，溪流水位置有多高，梯田就有多高，水源由小溪坝截流引水，经输水渠送到梯田区。

梯田水源之地下水出露

紫鹊界山顶森林茂盛，植被丰厚，集雨纳水条件好；山体为花岗岩，其岩体坚实、少裂隙，恰似池塘不透水之底板，其地表为沙壤土，吸水性能好。土壤吸收雨水，又均匀均时渗出，形成优良的蓄水和分水系统工程。降雨水经紫鹊界四层植被充分拦截接纳，没有水土流失。

梯田水源之岩石裂隙渗水

梯田区植被条件

　　紫鹊界先民在这些山间溪流上修建小型堰坝，高 1 米左右，长 2~3 米，拦水、溢洪、排沙、引水功能齐全，根据梯田供水需要建设在不同高程，据现状统计共有 69 座。进水口多在堰坝上游几米远处，方向与溪流走向呈 60° 以上夹角，保障引水安全。坝顶高程低于引水渠面，暴雨时洪水可从坝顶溢流排泄。渠首段设沉砂池和冲砂闸，一年或几年冲砂一次即可。这种小坝日常无需专人管理维护，使用方便。

　　层层的梯田同时也有蓄水的功能，田埂高度一般为 0.2~0.3 米，这样每亩梯田就可蓄水 50~60 立方米，所有梯田田块的蓄水能力就可达近 1000 万方，加上土壤涵养的丰富地下水量，保障了梯田作物充足的水资源。

堰坝配套的净水设施——设于渠首段的沉砂池

第二节　灌溉输水工程

　　经堰坝引水后，梯田内部的灌溉则是串灌串排，为防止冲刷田埂造成崩塌，从高一级梯田流入低一级梯田时，用竹子通穿挑流，使水送到离田埂脚较远的位置，局部的台田用竹子作枧（小渡槽），所有梯田均自流灌溉。

输水渠

灌溉设施——竹枧渡槽

紫鹊界梯田层层的狭长田块，也是邻近田块间输水的主要通道，称作"借田输水"。在相对独立的田块区则需要修短渠，将水从塘坝或其他田块引来。由于灌溉单元都不大，输水渠道的长度、断面和流量都很小，当地管这些渠叫沟圳。在相对独立的田块区通过沟圳来灌溉，水渠一般不穿田而过，而是沿着田块内侧或外侧，用矮埂将渠和田隔开。紫鹊界梯田这类渠道总长有153.46千米，都是土渠，挖掘和维护管理都很方便，用最少的工程量，保障了每块梯田的用水。从高一级的梯田向低一级的梯田输

借田输水——梯田的田块也是输水通道

田间毛圳

田间分水设施

水，或向孤立山头的台田输水时，还就地取材，用打通的竹筒输水，这种渡槽称作"枧"。通过这些设施，梯田实现了自流灌溉。

梯田的每条渠道所灌梯田的数量、位置都有规定。渠系的分水有相应的设施，俗称"刻木分水"。

第三节　排水工程设施

完善的排水系统是灌溉安全的重要保障。紫鹊界梯田的排水体系充分利用了天然的山谷沟道，在相交输水渠和相邻梯田的合适位置开设排水口，即形成天人合一的排水体系。山间每隔一定距离有一条基本上垂直等高线的天然排水沟，一般是山谷线，坡降特别大且依山势变化，沟底一般为基岩，抗冲刷力强。局部土层较厚的地方，当地农民则放置一些薄石块护底，或筑砌一些片石护坡，防止过度冲刷。这些沟溪因此既是梯田的供水水源，又是排水干道。它们与沿等高线方向平行分布的输水渠和条带形田块共同组成紫鹊界梯田的水系网。

紫鹊界人民充分利用了当地自然条件，用科学

梯田上的排水竹管

的规划、传统的技术和材料，综合开发水土资源，创造性地采用了多种技艺，在坡度大于25°的山上修成了梯田，以简易的工程设施实现了人工与自然结合的水源工程、供水工程、排水工程完善的自流灌溉体系。该工程千年不衰，至今有效运用，形成了生态和谐、环境优美、人民安居乐业的自然—生态—人居环境，且能够维持当地居民正常的生产、生活，以及今后农业可持续发展。

山溪沟谷也是梯田间的排水干沟

第四节　灌溉管理

　　梯田的用水管理分配和工程维护以乡村自治管理为主，受用水户共同遵守的乡规民约的约束。紫鹊界梯田是一处古农耕稻作文化遗存，在悠长的农作历程中，紫鹊界梯田区灌溉形成了一些不成文的规定，当地农民世世代代自觉遵守，例如高水高灌，低水低灌，较高一级渠道的水灌较高的梯田；每条渠道所灌梯田的数量、位置都有规定。紫鹊界梯田灌溉区有时也缺水，但从未发生水事纠纷。

高水高灌，低水低灌

刻木分水——农渠中的分水设施

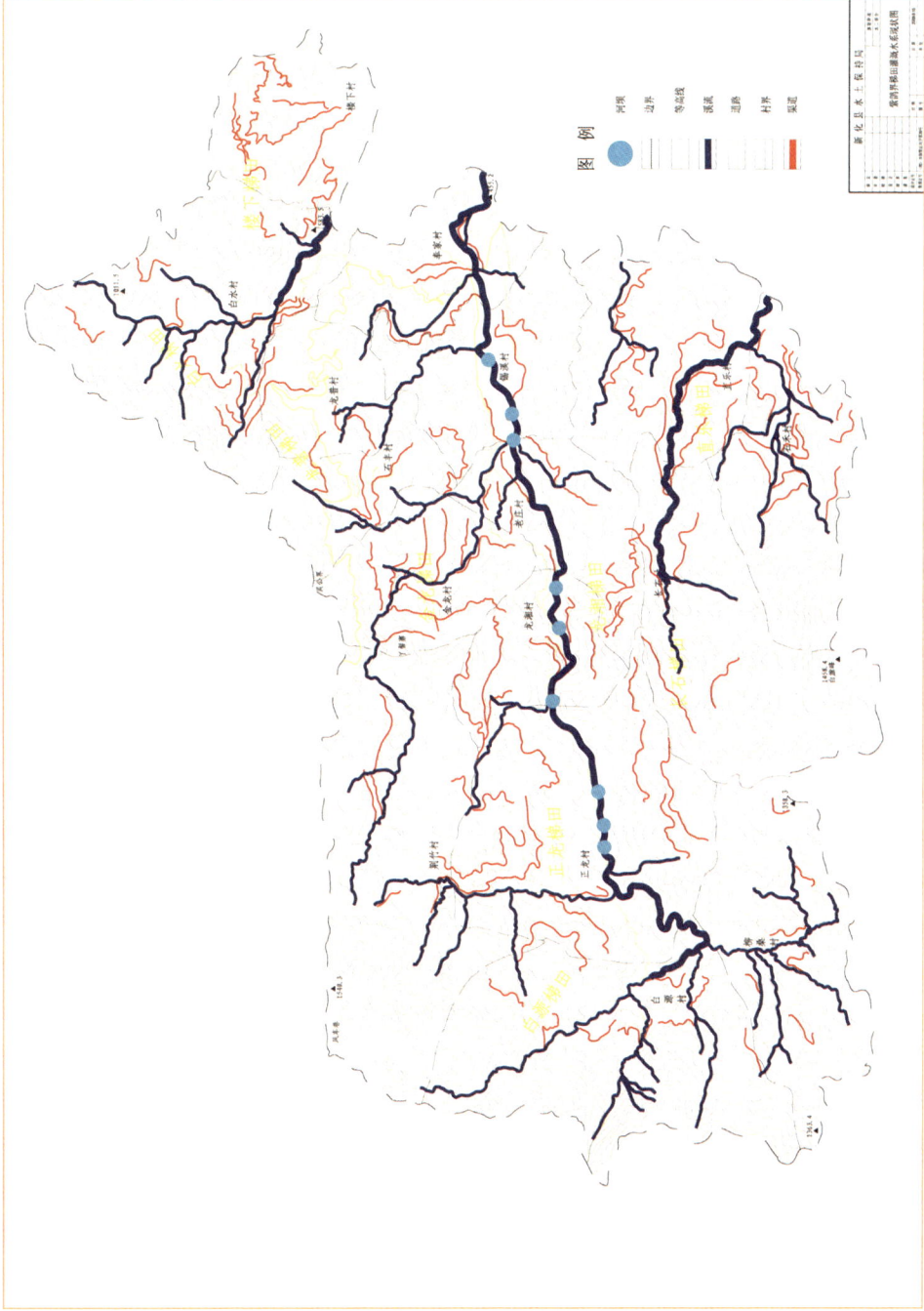

紫鹊界梯田灌溉排水工程设施分布图

第四章　灌溉工程遗产构成及价值

　　紫鹊界梯田作为灌溉工程遗产，有其独特的构成、特征与价值。这里是汉、苗、瑶、侗等多民族聚居区，紫鹊界梯田是渔猎文明向农业文明发展的产物，耕地的开拓促进了民族的发展和融合。今天的紫鹊界梯田仍养育着 16 个村庄、17000 多人，他们依然保留着传统的生产和生活方式，多样的文化在这里共存。紫鹊界梯田以其独特而科学的水土资源开发方式，简易而完善的灌排工程体系，打破了大于 25° 的山坡不宜修建梯田的常规，并且由此塑造了和谐而优美的人文生态景观，体现了中国传统哲学中人与自然和谐共处的独特魅力。

农舍与梯田和谐相容

第一节　遗产构成

　　紫鹊界梯田灌溉工程遗产位于湖南省中部娄底市新化县境内雪峰山系，地处长江支流资江和沅江的分水岭，海拔 460 米 ~1540 米的低山丘陵地区，地表坡度在 25°~40°。山体剖面完整，基岩以花岗岩为主，土壤发育成熟，有机质层较厚。这里年均降水量 1700 毫米，水资源丰富。湖南中部山多、地少，人口的增长需要土地种植粮食，这里的先民只能转战高山，自下而上开垦梯田，最晚至公元 10 世纪，紫鹊界梯田已经形成规模。紫鹊界梯田总面积 6416 公顷。勤劳智慧的紫鹊界人民对水、土资源统筹开发，使用简易的技术、天然的材料，因地制宜地建成完备的自流灌溉工程体系，为广袤的梯田提供了水利保障，持续使用了上千年。

紫鹊界梯田山坡"陡立"

　　紫鹊界梯田的灌溉工程体系由三大部分组成：水源工程、灌溉渠系、排水系统。紫鹊界气候适宜，植被茂盛，水源涵养条件好。山谷溪流众多，常年不竭，河流总长达 170 余千米。在这些山间溪流上修建有很多小型堰坝，平时拦水供给梯田，暴雨时洪水可从坝顶溢流排泄。在堰坝上游几米处为进水口，与溪流走向呈 60° 以上夹角，保障引水安全。进水口之后设有沉砂池和冲砂闸，减少渠道淤积。梯田田块是主要的蓄水工程，田埂 0.2~0.3 米的高度，使每亩梯田可以蓄水 50 ~ 60 立方米，整个紫鹊界梯田的蓄水能力可达 1000 万立方米。加上土壤涵养的丰富水量，为梯田农业提供了充足的水源。

狭长的田块同时也是主要的输水通道，大部分梯田通过这种"借田输水"的方式就可以满足灌溉需求。有些梯田则需要修短渠，从塘坝或其他田块引水。渠道一般沿着田块边缘，通过矮埂隔开。由于灌溉单元都不大，输水渠的断面和流量都很小，当地人称作"毛圳"。向孤立山头的梯田输水时，经常就地取材，架起打通的竹筒作渡槽，梯田跨级输水时也常用竹筒来避免田埂冲刷。整个紫鹊界梯田渠道总长仅 153 千米，通过最少的工程量和最简单的设施，实现了整个梯田的自流灌溉。

排水系统是灌溉安全的保障。紫鹊界梯田充分利用天然的山谷溪沟，将其作为排水干渠，并在梯田和渠道的合适位置开排水口，涝水或尾水即可通畅排泄。沟底一般为基岩，抗冲刷能力强。局部土层较厚的地方则放置一些薄石块或片石护底。这些与等高线垂直的沟溪，既可建坝成为供水水源，又可作为排水干渠，它们与沿等高线方向平行分布的输水渠和条带形田块共同组成紫鹊界梯田的灌溉水系网络。

紫鹊界梯田灌溉工程遗产分布情况表

村名	耕地		河坝/座	渠道			
	面积/亩	其中灌溉面积/亩		名称	长度/米	断面/（米×米）	灌溉面积/亩
白源	801	652	7	合计	10300		535
				洞员下	2000	0.4×0.5	80
				河家冲	1500	0.4×0.5	85
				村屋边	1500	0.4×0.5	90
				炉马冲	2500	0.5×0.6	120
				风车凼	800	0.4×0.5	50
				飞水坪	1500	0.4×0.5	60
				老头冲	500	0.4×0.5	50
柳双村	924	861	3	合计	6350		570
				帽子石	700	0.4×0.5	40
				柳家坪	1200	0.5×0.5	85
				新塘里	1000	0.5×0.5	150
				邓家凼	750	0.3×0.4	50
				石双坪	1100	0.3×0.4	75
				袁家山	500	0.3×0.4	80
				日屋后	1100	0.3×0.4	90
正龙	1355	1155	6	合计	19100		1152
				大凼山（大圳）	5000	0.5×0.4	160
				大凼山（二圳）	2000	0.4×0.4	85
				凤形地	500	0.4×0.3	60
				帽子石（大圳）	1500	0.4×0.3	83
				帽子石（二圳）	1000	0.4×0.3	80
				电站坝垴上	300	0.3×0.3	40
				枫树坳（1）	4000	0.5×0.4	102

村名	耕地		河坝/座	渠道			
	面积/亩	其中灌溉面积/亩		名称	长度/米	断面/（米×米）	灌溉面积/亩
				枫树坳（2）	500	0.4×0.3	80
				会山里	1300	0.4×0.4	82
				晒谷岭	600	0.3×0.3	80
				电子树上	700	0.3×0.3	90
				马头山	500	0.4×0.4	70
				取水山	600	0.3×0.4	95
				月球岭	600	0.3×0.4	45
龙湘	987	787	6	合计	7900		780
				大龙界	1500	0.5×0.6	150
				枫木坝	1000	0.5×0.6	85
				枫木坳	1500	0.5×0.6	180
				坛边	200	0.3×0.4	45
				四亩凼	300	0.3×0.4	60
				燕子岭	2500	0.3×0.4	150
				加工厂边	300	0.4×0.5	40
				杉树山	300	0.3×0.4	45
				九分田	300	0.3×0.4	25
荆竹	1543	1254	3	合计	5400		1254
				土地岭	1100	1×1	242
				大金屋下	2300	1×1	430
				陈玉草堂	1000	0.6×0.8	287
				荆竹坪	500	1×1	161
				猴子岩	500	1×1	134

村名	耕地		河坝/座	渠道			
	面积/亩	其中灌溉面积/亩		名称	长度/米	断面/（米×米）	灌溉面积/亩
石丰村	493	451		合计	13300		423
				大圳	3500	0.5×0.6	120
				鸭鸡塞（1）	3800	0.5×0.6	65
				来石坳	2000	0.5×0.6	70
				鸭鸡塞（2）	4000	0.7×0.8	168
龙普	607	547		合计	11200		540
				紫雀界	3000	0.3×0.4	120
				捡骨冲	2000	0.3×0.4	70
				紫雀湾（1）	1500	0.3×0.4	80
				瑶人冲	600	0.3×0.4	70
				老马冲	1100	0.3×0.4	60
				锣子坳	1500	0.3×0.4	80
				杉木山	1500	0.3×0.4	60
金龙	743	674	4	合计	13200		674
				龙须湾	1500	0.5×0.4	89
				黄鸡岭	1000	0.5×0.4	59
				鸭鸡塞（3）	2500	0.4×0.4	89
				申屋边	600	0.3×0.4	24
				张家冲	2000	0.4×0.4	89
				志英屋下	3000	0.4×0.3	118
				学仲屋边	1600	0.3×0.3	59
				友运屋	400	0.3×0.4	59
				友恒屋	600	0.3×0.4	89

村名	耕地		河坝/座	渠道			
	面积/亩	其中灌溉面积/亩		名称	长度/米	断面/（米×米）	灌溉面积/亩
老庄	625	539	2	合计	4620		530
				四垄坡	820	0.4×0.7	80
				正龙里	1200	0.4×0.7	120
				竹山界	400	0.3×0.4	100
				奉立界	1200	0.5×0.7	180
				麻子通	1000	0.3×0.4	50
锡溪	1420	1284	2	合计	2490		950
				杨家坊	800	0.3×0.4	380
				竹瓜树	500	0.3×0.4	220
				梅树湾	810	0.3×0.4	220
				大河冲	380	0.3×0.4	130
奉家	915	809	1	合计	4300		760
				大河边	400	0.5×0.5	100
				巨根坳	600	0.5×0.5	80
				治安堂	700	0.5×0.8	120
				瑶人坝	2200	0.5×0.5	400
				黑老虎冲	400	0.5×0.8	60
白水	1650	1477		合计	6300		1427
				大坪里	300	0.3×0.4	120
				对屋面前九组—三组	700	0.4×0.5	134
				紫雀湾（2）	300	0.3×0.4	75
				紫雀湾（3）	400	0.3×0.4	101
				紫雀湾（4）	700	0.4×0.5	126
				紫雀湾（5）	300	0.3×0.4	75

村名	耕地		河坝/座	渠道			
	面积/亩	其中灌溉面积/亩		名称	长度/米	断面/（米×米）	灌溉面积/亩
白水	1650	1477		对屋面前	700	0.4×0.5	150
				杨里堂（1）	400	0.3×0.5	106
				油鼓田（1）	1000	0.4×0.5	180
				油鼓田（2）	500	0.3×0.4	120
				杨里堂（2）	500	0.3×0.4	120
				洞口里	500	0.3×0.4	120
长石	972	908		合计	9500		908
				水竹	3000	0.3×0.4	247
				学校后	2500	0.4×0.5	311
				前印堂	1000	0.3×0.4	158
				高家冲	3000	0.4×0.5	193
直乐	1109	977	4	合计	11200		977
				水底塘	2000	2×1	181
				跳溪	2000	2×1	154
				杉山（1）	2000	0.4×0.5	190
				杉山（2）	3000	0.4×0.5	289
				直乐游家岭	2200	0.4×0.5	163
石禾	686	622	15	合计	20700		622
				岩山边	1000	0.3×0.4	28
				李子树下	2000	0.3×0.4	48
				又新坪	1000	0.3×0.4	57
				六新塘	1000	0.3×0.4	44
				里田冲	3000	0.3×0.4	52
				莲子洞（1）	2000	0.3×0.4	35
				莲子洞（2）	1000	0.3×0.4	35

第四章 灌溉工程遗产构成及价值

左侧竖排文字：
紫鹊界梯田
高田叠交错　石脉流泉滴

村名	耕地 面积/亩	其中灌溉面积/亩	河坝/座	渠道 名称	长度/米	断面/（米×米）	灌溉面积/亩
石禾	686	622	15	肖家院	3000	0.3×0.4	92
				岩屋冲	2000	0.3×0.4	37
				竹鸡冲（1）	1000	0.3×0.4	50
				里湃冲	2000	0.3×0.4	52
				黄马洞	1000	0.3×0.4	39
				石禾河	200	0.3×0.4	31
				竹鸡冲（2）	500	0.3×0.4	22
楼下	782	682	16	合计	12600		682
				塞背后	900	0.4×0.5	89
				茅屋冲	200	0.4×0.5	27
				茶子凼	1000	0.4×0.5	48
				石顶宽	500	0.4×0.5	69
				唐家岭	2000	1.5×2	110
				同子坪	2000	1.5×2	103
				牛尿垄	3000	1.5×2	117
				大杉山	1000	0.4×0.5	31
				河坝凼	1000	0.4×0.5	34
				华田垄	1000	0.6×0.5	55
合计	15612	13679	69	121	153460		12784

第二节　遗产价值

　　紫鹊界梯田灌溉体系是数千年来中国南方山丘地区人与自然协调、水土保持生态系统、农业可持续发展与水资源可持续利用的典范。紫鹊界先民从水源、蓄水、保水、输水、灌溉各个方面创造性地采用了多种技艺，以简易的工程设施实现了有效的自流灌溉，这一工程是我国劳动人民创造的完善的灌溉系统和水土保持工程，是中国水土保持生态系统工程的典型范例。该工程千年不衰，至今有效运用，且能够维持当地居民正常的生产、生活，以及今后农业可持续发展。

一、历史文化价值

紫鹊界梯田盛创于宋，是当地汉、苗、瑶、侗多民族百代先民共同创造的伟大成就，集社会、历史、环境、人文于一体的完整的梯田文化景观。

湘中地区是汉、苗、瑶、侗等多民族聚居区，紫鹊界梯田是当地渔猎文明向农业文明发展过程中的产物，通过对高山土地的开发，保障了文明的发展和民族的交融。今天，紫鹊界梯田仍养育 16 个村 17000 多人，传统的生产、生活方式在这里保留。多样的文化得以发扬：梅山文化、农耕文化、宗教信仰、民居建筑、饮食风俗等，均具有浓厚的地方特色。如春节舞草龙祭天地，舞灯笼祈祷五谷丰登，还有与农耕相关的插秧歌、挖地歌、渔鼓、号子等民间文艺。

（一）紫鹊界梯田传统历史文化

紫鹊界梯田传统文化内涵非常丰富。在苗、瑶、汉等多民族的融合过程中，紫鹊界梯田逐步形成了"水稻种植和山地渔猎相结合"的农业生态景观，从而形成了独特的传统文化。

1. 独具特色的传统饮食文化

紫鹊界降水充沛、相对湿度较大，使其形成了具有当地特色的传统饮食文化。首先，由于湿润的气候使新鲜食物难以保存，因此人们通过用盐腌制或先腌制后熏烤等方法制作了具有当地特色的食物，如剁辣椒、烟熏板鸭、火焙鱼等。其次，人们结合当地特色物产制作了方便携带的粑粑，如叶子粑、糁子粑、坨粉粑等。第三，形成了具有特色的茶饮，主要有贡茶、甜酒、凉水等。其中，凉水是用当地特有的凉树藤果实制作而成的独特饮料。传统饮食反映了紫鹊界梯田文化的一个重要饮食特色，即人们在离家较远的梯田中进行劳作或山中打猎的过程中，为了便于劳动，食物具有便于携带的特点，饮料具有充饥的功能。此外，湿润的气候和长年累月的高强度劳作，使人们容易罹患风湿等疾病。在长期的历史实践中，人们发现多食酸菜和辣椒可起到"祛寒除湿、降火发汗"的功效，故形成了具有酸辣特色的传统饮食风味。

春节舞草龙祭天地

2. 传统习俗与民居

（1）传统习俗

传统生活习俗是人们在长期的生产和生活过程中逐步形成的，涵盖了生产、生活、节庆、婚嫁、丧葬、信仰和文化娱乐等方面。在长期的多民族垦殖过程中，紫鹊界形成了独特的文化习俗，主要体现在民居、劳动、节日和傩戏四个方面。首先，民居经历了由半洞半屋的"岩屋、板屋"到完全由石头垒砌的"石屋"的演化过程，形成了众多特殊的习俗。如考虑到因降水过多导致的崩塌等自然灾害较多，人们对住房的选址极为严格，形成了"地仙择地、合生辰八字"等风俗。这体现了紫鹊界人多地少、人地矛盾突出的特点，人们更加注重住房的生态效益。其次，在生产劳动的过程中演变形成了祭祀先祖和先师，演唱山歌、劳动号子等习俗。这在一方面体现了人们祈求先祖的庇佑，另一方面反映了紫鹊界梯田的劳作强度较大，需要通过山歌、号子等来消解疲劳、团结群体，壮大力量。第三，节庆习俗体现了当地以梯田耕作和山地渔猎为主的生产方式，如惊蛰、春社和四月八体现了耕作时令特点，中秋节习俗则体现了庆祝瓜果菜蔬的丰收。第四，傩戏和傩舞等体现了紫鹊界人民在生产劳动过程中对美好生活的祈求、向往，对先祖神灵的敬畏，反映了人们希望构建一个良性的生态系统，以实现与自然环境的和谐相处，从而得到永续发展。

得益于梅山文化的滋养，紫鹊界至今仍然传承了众多的非物质文化遗产。第一，新化山歌反映了历史上苗、瑶、侗、汉各民族在共同开发紫鹊界梯田的生产劳动过程中实现了多民族融合，这一特色使新化山歌至今仍然在紫鹊界广泛流传。紫鹊界为高腔山歌的分布地区，现今流传的山歌主要有《打夯号子》《开山号子》《姑娘插秧》等，形成了独特的"土、野、逗、俏"等风格。第二，梅山武术起源于先民长期的狩猎和反抗统治者压迫的斗争历程，形成了简单实用的动作体系。人们日常生活中的很多生产生活用具都可成为梅山武术的器械，如耕作的耙、家居用的凳。紫鹊界为梅山武术普及地区，器械既有铁叉、铁耙、铁尺等狩猎与耕作用具，也有板凳、方桌、棍棒、烟筒、雨伞等生活用具。第三，傩戏、傩舞、傩面等起源于祭祀祖先、狩猎等活动，由最初的祭祀功能逐渐演化为兼具祭祀与表演功能，这与古梅山地区的巫傩文化有着密切的关系。紫鹊界为傩戏较为集中分布的地区，这说明狩猎等生产方式在紫鹊界具有非常重要的地位。第四，新化地区竹木资源丰富，这为竹编艺术的形成提供了前提，人们日常生活中的很多生产器具与生活用具都通过竹编技艺制作。值得一提的是，新化形成了独特的以传统平面文字为特色的竹编工艺品制作技艺，将我国传统的书法艺术和竹编工艺融合为一体。紫鹊界地区的很多传统农具均用竹编技艺制作而成，如箩、筐、晒垫等。第五，紫鹊界的龙灯舞可分为香草龙、夜游龙、地滚龙、黄龙等不同的种类，表达了人们敬天奉地、祈求五谷丰登、驱除瘟疫等传统农耕文化的吉祥意愿。

（2）传统民居

紫鹊界的民居是沿用了两千年多的各式各样的干栏式板屋，或分散，或集中，分布在大大小小、高高低低的梯田之间，形成了水乳交融、天人合一的独特的人文景观。据不完全统计，分布于梯田中的板屋有2000多栋，建筑面积达26万平方米。其中明

舞草龙

代的 16 栋，占地 1700 多平方米；清代的 105 栋，建筑面积 13600 多平方米，其余都属民国及新中国成立以后的建筑。人们世世代代生活在这些板屋里，日出而作，日落而息，生息繁衍，创造了紫鹊界梯田这个人间奇迹和灿烂的梅山文化。紫鹊界地区历史上最早的民居建筑是用石头砌墙、上覆茅草的石屋，一般为瑶人的居所。后来改为用土筑墙或用土砖砌墙。到宋代才逐步发展成干栏式板屋，覆小青瓦或杉木皮。

干栏式木板屋的建筑风格是以圆柱方梁做框架，然后用横梁把排架连起来，再栓上木栓。墙壁用木板装修，上方的墙体则用竹篾织底，外拴刷石灰，既节省了木材，又增加了建筑物的美感和室内的光亮，可以防止野兽的攻击。屋面以小青瓦为主，但杉木皮也一直沿用，做法也很讲究，中间安放的宝顶据说是姜子牙的神位，屋脊两端的翘角则代表战神蚩尤头上的一对角。这是普通民居正屋的用法，一为四扇。富裕的农家要在正屋两旁砌一栋横屋和一个披刹，横屋下层用于仓储，上层供孩子们学习和住宿，披刹则是猪牛栏和厕所。

板屋中的雕刻，堪称一绝，最为精美。不仅造型别致、结构复杂，而且每一件都巧夺天工，每一个窗棂都优雅、华贵，令人叹为观止。

梯田中的古民居建筑造型豪放而雅致，在选址和布局上与自然地势紧密而巧妙结合，从而使村落高低不同、错落有致。每个家庭建房前要请风水先生根据家人的生辰八字实地勘界定向，每个门户的朝向都是不同的。一般每个庭院中除房屋建筑之外，还有小菜园、小水塘，有的还栽上一两棵风水树或果木树，并用竹管引一股山泉到屋前屋后，以供饮用洗浆。

紫鹊界现存保护较好的传统村落主要有楼下村、正龙村、上下团村等。楼下村位于水车镇东北部，其历史可追溯至宋太祖建隆年间（公元960—963年），2010年被评选为湖南省级历史文化名村。楼下村古建筑历史悠久、保存完整，多为庭院建筑风格，同时吸取了干栏式板屋建筑之特色。楼下村民居现有木板屋100多栋，主要有老屋院、庠地院、月新院、五房院、香花凼上院、香花凼下院、南林公院、新庄和"沧溪三古"等古建筑群。整个村落依山而建，村口有两座山峰相对，村落中的一座房屋沿着山脚直至半山腰依次坐落，宛如拾级而上却又错落有致，体现了古代先民营造部落时讲求的"效法自然、人地和谐"的特色。从村落的发展演变历史来看，四香书屋和沧溪古庙是楼下村现存最早的建筑，也是村落最初发展聚集的核心。从居民构成上看，楼下村为罗姓后人聚居而形成，具有典型的宗族血缘特色。同时，罗姓族人又非常重视子孙后代的教育和文化知识的传习，具备典型的耕读文化特色。

正龙村位于水车镇东北部，2011年被评为娄底市"最美乡村"，

2013年被评为湖南省"旅游特色名村"，2014年被国家列入第三批中国传统村落。正龙村的主要姓氏是袁姓、奉姓、罗姓和杨姓，其居所始终保持沿袭几千年的干栏式建筑风格。正龙村保存完好的木结构干栏式建筑达200余栋，大多建于清末民初年间，已有百年历史。房屋依山而筑，两层，墙为木板，两侧山墙竹编抹白灰，屋面为黑色小青瓦。整个木楼群远看似乎很集中，密密麻麻，近看便发现每栋各为独立的小院落，有足够空间作晒场、菜园，植果木、风水树。每栋房子之间以石板路连通，石板路通向村子的每个角落。正龙村四面高山环绕，巍巍的龙脑山，神奇的帽子石，历史悠久的蚩尤岭，妩媚妖娆的凤凰山，高耸入云的大云山，婀娜多姿的燕子岩，威武俊俏的马头山，神仙留下的峡谷、铜鼓丘、七节洞、高山瀑布，小龙戏水的鲤鱼滩，栩栩如生的团鱼石，加上层层叠叠的梯田、婉转动听的潺潺溪水，把整个正龙村装点得如诗如画，四季美不胜收。正是村民勤劳智慧，数百年发扬苗、瑶民族的传统，将梯田经营得火红火旺，成就了今天的繁荣景象。

3.文学艺术

开梅山

［宋］章惇

开梅山，梅山万仞摩星躔，

扪萝鸟道十步九曲折，时有僵木横岩巅。

负岩直下视南岳，迴首局曲犹平川。

人家迤逦见板屋，火耕硗确多畬田。

穿堂之鼓当壁穿，两头击鼓歌声传。

白巾裹髻衣错结，野花山果青垂肩。

如今丁口渐繁殖，世界虽异如桃源。

熙宁天子圣虑远，命将传檄令开边。

给牛贷种使开垦，植桑植稻输缗钱。

人人欢呼愿归顺，裹头汉语醇风旋。

不持寸刃得地一千里，王道荡荡尧为天。

汉皇默武竟何益？性命百万涂戈铤。

李广自杀马援死，寂寞铜柱并燕然。

伊溪之源最沃壤，择地作邑民争先。

大开庠序明礼教，抚柔新俗威无专。

小臣作诗谐乐府，梅山之岩诗可镌。

此诗可勒不可泯，颂声千古长潺潺。

出梅山

[宋] 章惇

出梅山，乘兰舆，荒榛已舒岩已锄。

来时绝壁今坦途，来时椎髻今黔乌。

扶老抱婴遮路衢，为谢开禁争欢呼。

田既使我耕，酒亦使我沽。

吏既不我扰，徭酋岂愿长逃逋。

开山之径谁为初？臣煜入奏陈地图，

臣惇专使持旌车，臣夙协力力有余，

班班幕府授简书。不藉君王丈二殳，

酋徭三万争贡输。如神之速上之化，

刻铭永在梅山隅。

莫徭歌

[唐] 刘禹锡

莫徭自生长，名字无符籍。

市易杂鲛人，婚姻通木客。

星居占泉眼，火种开山脊。

夜渡千仞谿，含沙不能射。

元溪既平入穴建堡编山氓入图籍

[明] 姚九功

犹疑狂寇卧残兵，故筑中田大蠹营。

岂为弹丸警赤子，因驱犬豕靖苍生。

穷山籍隶新编户，部落归图敢肆横。

一自挥戈浑注厝，百年烽熄海波平。

紫鹊界梯田

钱奕和

梯田源远两千秋，农著文明载史讴。

荒垦苗瑶凉垦侗，形如盘碟势如钩。

山民代代勤为本，汗水年年谷作酬。

天上瑶池歌紫鹊，人间奇迹世遗收。

紫鹊界梯田

唐军林

紫鹊农耕自古奇，战天斗地却无期。

高田连片埂相绕，稻菽成畦水未离。

几点翠微开画卷，数家瑶寨动心仪。
山歌常伴游人至，万亩诗情惹我痴。

新化紫鹊界月牙山梯田

杨桂芳

月牙山上月牙田，如带如梯远近连。
级级禾苗飘玉带，层层稻浪叠金砖。
雪花漫舞银妆雅，春日融和素绢妍。
正好犁锄当彩笔，奇山奇水续奇篇。

新化紫鹊界九龙坡梯田

杨桂芳

山梁九道九条龙，万顷梯田一望中。
鳞甲浮烟光闪闪，瑶民创业乐融融。
纵横连贯形相似，隐现依稀态不同。
风起云从惊世界，神龙竞逐古今雄。

新化紫鹊界瑶人冲梯田

杨桂芳

两山相抱作凹形，代代瑶民聚此耕。
皕级梯田如铁塔，一冲夏夜响蛙声。
幽幽古峒秦而汉，落落孤村宋又明。
玉镜高擎辉日月，千秋惠泽润苍生。

登新化紫鹊界

杨桂芳

首夏阳和紫鹊游，千山耸翠共云浮。

梯田远近风光带，板屋高低盛世秋。

红米芳香萦梦想，清泉小曲唱丰收。

稻耕渔猎遗风袭，身入桃源兴味稠。

登新化紫鹊界观景台

杨桂芳

四顾云梯入斗牛，果真紫鹊世无俦。

景随路转车频驻，田并山高水自流。

农妇摊边夸特产，骚翁台上豁吟眸。

犁锄未被机耕替，带子蓑衣斗笠丘。

湖南新化紫鹊界梯田颂

何若慧

群飞紫鹊落梅山，万亩梯田播岭间。

开发千年留胜境，经营卅代变奇观。

九龙缱绻灵泉靓，六合琳琅异彩斑。

睿智先民勤奋斗，天人典范仰尘寰。

紫鹊界秦人梯田赋

李思敏

秦风汉雨到如今，宋镐明锄伴汗吟。

紫鹊孵成山景色，苗瑶绘就画图珍。

梯田闪亮层层彩，稻谷飘香户户欣。
世代板庐彰韵致，民歌曲曲唱人心。

紫鹊梯田人间仙境

李思敏

山路弯弯进老庄，神奇景物蕴仙芳。
云萦岗地遮青翠，雾绕梯田掩嫩黄。
上下千阶泉水润，纵横万道陌阡镶。
炊烟缕缕归牛影，犬吠蛙鸣夜气凉。

秦人梯田神泉灌

李思敏

秦人造地两千年，万亩梯田美誉传。
树草封山藏碧水，峦岩裂隙渗清涓。
田边掘口甘泉冒，地角挖渠微浪翻。
魅力天然全自灌，丰收谣里唱遗篇。

咏紫鹊界梯田·其一

唐子岳

紫鹊梯田锦绣天，红云叠翠画诗笺。
春来万镜斑斓舞，夏至千盘绿浪旋。
秋喜层层金塔艳，冬藏线线素蛇妍。
苗瑶侗汉同心力，梦绘桃源共比肩。

咏紫鹊界梯田·其二

唐子岳

梅山胜景美梯田，紫鹊铺桥绕岭巅。

秦汉桃源传后世，宋明流水灌尧天。

农耕巧织千重浪，青史欢描万户贤。

稻谷澄黄圆古梦，层峦叠嶂续奇缘。

湖南新化紫鹊界梯田系统

孙跃明

梯田王国雪峰娇，水远山高上九霄。

千载交融遗圣迹，无忧旱涝稻香飘。

新化紫鹊界梯田

刘进平

秦开汉凿好梯田，种月耕云人似仙。

更有银河飞下水，常滋禾稼自潺湲。

菩萨蛮·紫鹊界长石梯田·其一

王卓平

长天云色轻松白，田中稻垅从容碧。

叠梦一层层，幻如波韵生。

纵眸惊古老，侧耳山歌妙。

心也起涟漪，寄词情更怡。

菩萨蛮·紫鹊界长石梯田·其二

王卓平

如奔山势真豪迈，田随凹凸犹澎湃。

叠韵向苍穹，遣情明月中。

登临寻古迹，感叹神仙笔。

是处育青芽，层层幻若纱。

阮郎归·紫鹊界梯田

袁桂荣

秦人先垦汉人修，畲田翠欲流。

引来紫鹊落芳洲，盘飞吊脚楼。

观奇秀，仰春秋，生机靓眼眸。

天梯借得上云头，金星满斗收。

西江月·湖南新化紫鹊界梯田

曹继楠

疑是蓬莱仙境，原为紫鹊梯田。

疏星朗月落人间，把酒诚邀银汉。

曲曲弯弯玉带，飘飘渺渺云烟。

金丝银线绣珠钿，水墨丹青画卷。

行香子·湖南新化紫鹊界梯田

刘景山

紫鹊翩翩，白水弯弯。

看金龙、浪滚波翻，

石鳞泛锦，丰鹿描斑。

赏红梅俏，歌梅曲，上梅山。

层层向上，节节朝天。

喜当今、更展奇观。

中华一梦，此地先圆。

有梯田高，盘田阔，带田宽。

沁园春·湖南新化紫鹊界梯田

丛延春

胜境蓬莱，蚩尤故里，色彩斑斓。

望佳禾吐翠，浪掀碧野；漫山落雪，蛇舞青山。

有络有经，无塘无坝，泉脉通渠天地间。

浑如画，引耕诗陶令，似醉如仙。

何来造化奇观？借鬼斧神工送紫鹊。

本汉唐遗产，蜚声中外；湘黔文化，美誉江南。

九路罡风，一边田亩，当信瑶池落九天。

君想此，定四方遣返，三界回还。

新化紫鹊界梯田赋

袁国乾

岂不伟哉！岭岭山山；何其奇也，层层叠叠。似年轮四百级，曲曲弯弯；延历代二千年，盘盘碟碟。秦、汉、宋、明，农耕辛劳；侗、汉、苗、瑶，山地渔猎。垒出琳琅满目，分外闪光；展开造化功夫，仍然生色。僻野还诸天地，是创造于先民；洪荒留此山川，作九黎之世界。芦笙赛祖，珠树莺声雨潇潇；毡帽踏歌，远山铜

鼓云漠漠。山有多高，田有多高，水有多高；堰无一口，库无一座，人无一个。自流灌源，清泉养稼禾；浩叹观光，赤土心头过。文化遗存，巧妙融合。灵渠都江围堰相抗衡，水利工程奇迹之世界。

资水滔滔，淘尽古今人物；江风浩浩，吹开大地尘烟。西北部雪峰主脉耸峙，东南方桐凤天龙连绵。辛勤有此庐，三大碗归矣；休闲无个事，三合汤恬然。山歌独具韵情，民风淳朴；武术全民健体，勇武南拳。古色古香民宅，新颜新貌诗篇。万种风情歌舞，男欢女爱蹁跹。

春之时也，暖律乍起，和风方刚。平整填漏，引水育秧。其夏也，如长蛇狂奔，满山遍野；似短笛泻韵，绿色全妆。一寸二寸之鲤，百米三米包箱。雁鸣高亢，秋色金黄。冬雪裹素，鼓声穿堂。

辞曰：睹方圆之红壤兮，山歌无假戏无真。昔仲尼之叹逝兮，始皇兴起到如今。喜蚩尤之正视兮，共炎黄以为神。谓余心之愚钝兮，感道妙之未纯。

紫鹊界梯田颂

廖仲敏

天下谁知紫鹊界？万山重叠青天外。喜今开发辟通途，举世惊呼娇绝代！层峦如画列天梯，盘旋曲曲入云霓。云外山歌千谷应，山面晴岚万岭迷。云开日上娇容露，渐吐芳华纷展秀。如螺似塔各低昂，杨妃赵女分肥瘦。依山走势自弯环，丘丘岭岭叠波澜。四时温煦群山笑，五谷丰登百卉鲜。村寨半山松竹翠，山回路转饶风味。如簧鸟雀唱清风，引颈骄鹅喧乐队。石罅泉流总不干，千秋万代自潺潺。何须作堰滋粱稻，不用开塘润圃园。天然美景令人醉，自古山民多智慧。自流灌溉入云霄，涝旱无灾乐丰岁。迄秦越汉至于今，千秋万代喜风淳。挥刀举斧降荆棘，弟兄相乐复相亲。无畏饥寒辛与苦，岂避霜雪风和雨。只爱勤劳辟乐园，直入深山最深处。千年今始露真颜，方知世外有桃源。女种男耕山水乐，肴香黍馥袅炊烟。穿红着绿山姑俏，负担扶犁壮汉坚。儿童竹笛横牛背，翁妪银锄种屋前。最爱春青梯月窟，尤欣夏绿映蓝天。红粱金稻秋如画，素岭银山腊更妍。妙境无尘今已少，何须海外寻蓬岛？秀水奇山此最佳，无怨无争人最好。于今盛世已非前，无须世外觅仙源。开发旅游欣妙策，世外人间一手牵。世风民俗相融冶，新歌旧舞共翩跹。春光焕发真瑶府，官民同乐谱新篇。

4. 历史文化的突出特征

紫鹊界梯田传统历史文化有其突出特征。首先与其他古梯田相比，紫鹊界梯田的传统文化更具有独特的发展演变特征：一是传统民俗深受古代梅山地区"巫傩"文化的影响。如傩戏等传统民俗娱乐活动具有浓厚的"巫傩"文化特色；同时，很多节庆习俗、祭祀、禁忌等也都体现了"巫傩"文化的影响。二是传统饮食习俗的形成受独特的自然地理环境的影响。得益于花岗岩孔隙水供水，紫鹊界梯田形成了独有的自流灌溉体系，因此不需要修筑池塘、沟渠等人工储水提灌设施，从而形成了较独特的鱼类、家鸭等养殖方式。三是具有多民族融合的多元文化特征。如紫鹊界一直存在的"渡龙木只偷别家而不能伐自家"的独特传统丧葬习俗，体现了各民族共同对"孝义"文化的弘扬。

其次，紫鹊界传统文化的物质载体与当地的自然条件和生产活动有着十分密切的关系。从传统饮食的原材料特点来看，当地独特的地质地貌条件、丰富的降水和日照时数等共同造就了紫鹊界独特的物产，这是形成该地区特有饮食文化的前提。紫鹊界特

产的紫米、薏米、糁子、酗荞、鱼香叶、稻香鱼等成为烹制各种特色菜肴的先决条件。例如，同为湿润的梯田聚落地区，紫鹊界并没有形成像贵州省一带以花椒为主要调料的麻辣型口味，而是形成了以山胡椒和鱼香叶为主要调料的酸香型口味。又如，紫鹊界的特色鱼冻只能使用梯田中养殖的田鱼和当地山泉水才能烹制成功。此外，某些与传统民俗活动相关的器物是从日常的生活和生产劳动过程中逐步发展演变而来的。例如，紫鹊界比较流行的梅山武术器械主要为铁尺、长板凳、锄头等生产生活用具。

再次，紫鹊界的传统文化信仰主要具有以下几方面的特色：一是体现了对梅山先祖蚩尤的崇拜。特别值得指出的是，在梅山文化中，蚩尤是战神的代表。这表明了历史上的梅山先民不畏强敌、敢于反抗压迫的精神品质。二是体现了对自然环境的敬畏，如信奉自然界的山神、水神、雷神等，过年要请师公作法祈求风调雨顺、五谷丰登等。这说明梅山文化具有人地和谐的文化基因。三是具有多神信仰的特色。如善于狩猎与捕鱼、会开山辟田的祖师张五郎，掌管家禽的白娘娘等，都成为古梅山地区广泛供奉的神祇。实际上，这些信仰可约束生活在梯田地区人们的日常生产生活行为，强调保护梯田周边的生态环境。因此，在很大程度上，这种多神信仰有利于人们维持梯田生态系统的可持续发展。

此外，紫鹊界的传统文化与其生产方式有着密切的联系。首先，梯田的开垦坡度较大，故潜在的滑坡、崩塌等灾害的发生几率相对较高，因此传统民俗、传统信仰等强调人们对梯田周边植被和生态环境的保护。其次，由于梯田的产量远低于平原地区，这在客观上需要人们通过捕捉鱼虾等来补充食物来源，因此形成了独特的山地渔猎文化。渔猎的很多场景、技巧、动作等均不同程度地反映到傩戏、傩舞等传统民俗娱乐活动中。第三，由于梯田的单丘面积狭小，主要依靠人力进行耕种，人们经常在远离居所的梯田中进行劳作，形成了便于携带且可以充饥的特色食物和茶饮。同时，高劳动强度的人力耕种容易导致农忙时劳动力短缺，因此形成了具有特色的"换工、还工、斟工、打会工、帮工"等劳动合作关系，这对增进邻里之间的和谐有着重要的作用。第四，由于有些梯田处在人迹罕至或接近森林边缘的地方，远离村落，在古代这有可能给劳动者带来遭遇猛兽的危险，因此劳动者通过大声吟唱山歌、劳动号子或者打响锣等为自己壮胆，借此吓跑可能潜伏的兽类，保护自己，故紫鹊界流行独特的高腔新化山歌。

最后，各文化之间的内在关联紧密。紫鹊界的传统文化可概括为"以稻作文化为主，渔猎文化为辅"。大体上，紫鹊界的传统文化可划分为以梯田的开垦、维护、耕种为主的传统习俗和在狩猎、捕鱼、家禽放养基础之上发展演变而来的传统民俗。总体来看，稻作文化和渔猎文化两者之间又有着密切的联系，渔猎活动主要以寻求充足的食物来源以补充梯田供养能力的不足，而实现梯田生态系统的可持续发展是两者的共同目的。因此，在两者基础之上形成的多神宗教信仰、山歌、傩戏等民俗又共同表达了维系良好梯田生态系统的美好意愿。从传统文化因子的内在关联的影响特征来看，紫鹊界海拔相对较高、地势陡峭，这使得梯田的开垦难度大、水土保持困难且粮食单产低，这些因素共同造就了紫鹊界传统文化的现有特征。

（二）内涵丰富的区域历史文化

1. 梅山文化

"梅山"是湘中自古以来就存在并沿用至今的古地名。汉高帝五年（公元前 202 年）封吴芮为长沙王，梅从之，以梅林为家，此地就有了"梅山"这个称谓。据《新唐书》记载：唐乾符六年（公元 879 年）石门苗族首领向环率兵数千起义，召梅山十峒（即今新化、安化一带地区）的苗人切断邵州道，会同拥兵衡州的周岳义军大败割据潭州的湖南留后闵顼的军队。这一记载距今已有1130 多年，据此可以说，早在 1000 多年以前以新化、安化为中心的这块地域，"梅山"这一地名就已经被广泛使用了。古梅山地域虽在中国历代王朝的版图中，但梅山人却"不奉诏令，不服王化"，屡屡被朝廷发兵征剿。历代王朝则视其为"化外之民"，以"蛮人"相称，如汉代称武陵蛮、长沙蛮。唐、宋称梅山，有关梅山的历史，民间虽有诸多传说，但正史却鲜有记载。北宋熙宁年间（公元 1068—1077 年），朝廷派人降伏扶氏，即史上有名的"一家赠山"事件，1072 年建县，将梅山地区一分为二，上梅山隶属邵州新化县，下梅山隶属潭州安化县。所谓"梅山蛮"（又史称"莫徭"，称不服徭役）的主体民族即今苗、瑶、侗诸族先民，宋代"开梅山"事件后，汉民大量迁入，民族多元化在这里长期传承、融合、积淀，形成现今不同于任何单一民族的、在中国民俗文化史中独具特色的梅文化。现在这一地区仍在大量使用"梅山"或与"梅山"相关的地名，如"梅山""梅山田""梅山殿""上梅""下梅""上峒梅山""中峒梅山""下梅山""梅城""梅城镇""梅城路""古梅乡""梅村""梅江村""梅户冲""梅家冲""梅林""梅湾""梅塘""梅龙""梅溪""梅子口"，等等。

"莫徭"在梅山这块土地上生息繁衍，不仅完成了从渔猎到农耕的转化，创造了伟大的梯耕文明，而且在漫长的岁月中形成的信仰、歌谣、武术、医药、饮食、娱乐等独特的文化现象，在开梅山以后，与从外地迁徙而来的移民带来的地方文化，经过长期的融化糅合，创新发展，形成了一种特殊的文化现象，这就是梅山文化。有学者认为，梅山文化是荆楚文化的重要组成部分，是湖湘文化的祖源文化。

梅山文化的内容集中表现在三个方面：一是民间宗教信仰；二是生活习俗；三是文化载体。民间宗教信仰指古梅山地区普遍信奉的"梅山教"；生活习俗包括渔猎、耕种、服饰、饮食、民居、出行、婚嫁、生育、疾病、丧葬、禁忌；文化载体则指民间故事、传说、歌谣、舞蹈、戏剧、曲艺、工艺、医术、武术等。

梅山文化的发展演变过程，反映了人类从山林走向平原、从原始狩猎向农耕稻作文明转化的全过程，融信仰、技能、艺术、风俗、道德为一体，保存了梅山地区古代文明的丰富信息，是当代社会难得一见的文明活化石。

2. 区域宗教文化

紫鹊界的宗教文化与其特殊的生存环境密不可分。在那样一个"旧不与中国通"的封闭自守的蛮荒之地，梅山先民不可能接受到"外来民"先进的思想和发达的生产、医疗等技术，他们把生命和自身安危寄托于鬼神，如果发生了不寻常的事情便归结于得罪了鬼神，祈求至高无上的梅山神张五郎和梅巫教奉祀的各路神明帮助解脱。

（1）人神崇拜

紫鹊界的传统文化信仰体现了以多神信仰为主要特征的巫傩文化特色，人们通过巫傩民俗活动，表达了希望与自然环境和谐共处、实现可持续发展的美好愿望。

蚩尤是梅山先民崇拜的第一个人神。在梅山先民心目中，蚩尤是完美的英雄，他不但会制刀、戈、剑、戟、弩等五种兵器，而且在用兵打仗时会作巫术呼风唤雨罩大雾，更可贵的是他富有百折不挠、屡败屡战的战斗精神。人们通过傩戏、舞狮等文化艺术形式来表达对先祖蚩尤的崇拜。张五郎是梅山先民崇拜的第二个人神。张五郎，又叫开山五郎，是梅山祖师，他继承了蚩尤的反叛精神。相传他是狩猎能手，开山修路的巧匠，抗击外侵的英雄。他长着一双反脚，倒立行走，在太上老君和其女儿姬姬那里学了许多法术，是个天不怕、地不怕的梅山狩猎神。只要略施法术，老虎豹子野猪都会乖乖地钻进他的套，让他美滋滋地受用。人们将其雕像敬奉于神龛上，逢年过节、进山巡猎、抗击外敌之前，必先祭祀一番，此习历千年不变。

梅山人还信奉众多女神，流传较为广泛的是白氏仙娘、梅婆蒂主和梅山猎神梅嫦。这三位梅山女神不曾受封建伦理约束，原始性极强。人们通过信奉传授生产生活技艺的神仙，如善于狩猎与捕鱼、会开山辟田的祖师张五郎等，表达了对美好生活的向往。

此外，人们还通过信奉山神、水神、雷神等神祇表达了希望与自然环境实现和谐共存的美好愿望。例如，过农历年时，人们要请师公作法，向神祈求来年风调雨顺、五谷丰登，这实际上表达了人们对自然环境的敬畏。从紫鹊界梯田保护的角度来说，这些具有特色的信仰可以约束人们的日常生产生活行为，使他们更加自觉地保护梯田周边的生态环境。例如，人们受前述信仰的约束，不会去砍伐梯田上方的林木，不会去这些地方开山等。

（2）宗教信仰

梅山人最早信仰的是蚩尤的"巫鬼教"。他们认为，在中原涿鹿之战中，蚩尤最终被黄帝绑在枫树上杀死后，化身为枫树上的蛇，因此，人们在屋旁、村口、码头、亭边广植枫树以镇邪；师公法杖上必刻蛇形。又因为"牛"（当地方言发音）与尤的"尤"谐音，因此师公用牛角作号，猎人用牛角装硝药，民居屋脊的两端必做成往上翘的牛角形。"巫鬼教"中还有许多神秘莫测的巫术如放蛊、上刀山、走犁头火、起土、手斩鸡头等，其表演让人惊讶无比，神秘莫测。

后来，梅山宗教由信仰蚩尤的"巫鬼教"发展为以张五郎为中心的"梅山教"。"梅山教"具有系统的神、符、演、会和教义。梅山先民在举行"梅山教"仪式时，大致有以下几个程序：一是念咒请张五郎等各路神灵；二是请梅山教祖师；三是请诸神六路发兵；四是打卦，阴卦表示兵马到齐、愿意帮主户办事，阳卦表示诸神不愿来、不愿帮忙，胜卦表示祖师神灵已到，亦是吉利；最后是请神安座。

此外，新化的宗教信仰还有佛教、道教和基督教，它们都是外来教。佛教在新化的影响比较广，在北宋熙宁年间（公元1068—1077年）开梅山置新化县前后传入，历史上曾经建有100多座寺庵。

（3）梅山巫术

巫术文化可以说是一种最原始的文化现象。远古时期，人们对自然现象和自身出现的一些疑难病症做不出科学的解释，就把这些"非常"现象统统归咎于神灵作怪。既然是神灵作怪，当然只好求助于神解决，解决的形式或方法称为巫术。在新化民间流传的巫术分为黑巫术和白巫术两种。顾名思义，利用巫术来害人的巫术叫黑巫术，能给自己和他人带来益处的巫术叫白巫术。

最早的梅山医术是巫医术，这与梅山先民的巫教崇拜有关。

梅山巫医术中有许多稀奇古怪的治疗法，其中最有神秘感的是"梅山水"（又叫雪山水），会用梅山水的郎中还有个专有名词叫"水师"。如眼眶里"生雾气"，巫师喷上几口巫水就治好了；产妇难产时，向产妇肚子上喷几口催胎水，产妇受惊受凉后下肢收缩，便顺利生产了；治疗跌打损伤、毒蛇咬伤等，都用到了含有强烈神秘色彩的梅山水。"梅山水"已经被列入娄底市市级非物质文化遗产名录。

3. 民间艺术

因其独特的历史和地理位置，1980 年后，新化成为国内外人文学术界关注的热点地区，先后有法、美、日、韩等国的专家学者来新化研究考察其独特的地域文化。1989 年，中外学术界将这种文化正式命名为"梅山文化"。改革开放以来，对梅山文化的研究步步深入，新化县成功举办了"中国第四届梅山文化学术研讨会"，被国家有关部门授予"中华武术之乡""中国梅山文化艺术之乡""中国蚩尤故里文化之乡""中国山歌艺术之乡"等称号。新化山歌、梅山傩戏、梅山武术先后被评为国家级非物质文化遗产保护项目。

（1）梅山傩戏

梅山傩戏又称傩舞，是梅山地区民间举行祈福、求子、驱邪等傩事活动时搬演的娱神和自娱戏剧，也是一种父老乡亲表达美好愿望的民俗舞，已流传数千年。它以中国南方原始狩猎经济与农耕经济为基础，全面生动地记录了南方原始民族传统的生产、生活习俗，反映出古梅山人从渔猎生活向农耕生活转化的历史，也反映了古梅山族群不畏艰苦、披荆斩棘、开天辟地、追求美好生活的意愿，同时又保存了不同时期融入的中原文化元素，是研究南方民族融合史、宗教演化史、民俗史的"活化石"，是戏剧发生学、戏剧形态学不可替代的信息源，是研究湖湘历史文化不可再生的资料宝库。新化傩戏剧目丰富，表演形式和内容丰富多彩，动作粗犷，语言幽默诙谐、俏皮风趣，唱腔高亢亮丽又优美婉转，自成体系，是我国傩戏艺术中的一朵奇葩。"梅山傩戏"已经于2011年被列入国家级非物质文化遗产名录。

傩头狮身舞是迄今为止最为原始且保存完整的傩舞，起源于水车镇。相传400多年前，当地望族罗姓修建祭堂，一班工匠住在罗氏家的院子里，主家对工匠款待十分热情。为了回报主家，工匠们砍掉田头的一株大水桐木，为首的老木匠利用早晚工余时间雕刻了一公一母两只大狮子和一个小狮子崽。临走前，老木匠教会了罗氏山民傩狮的舞法，并说只要年年舞狮子，罗氏宗族就会五谷丰登、六畜兴旺、子孙发达。后来，罗氏族人遵嘱年年舞耍傩头狮子，验证了老木匠所言不虚。而且，据说一些新婚夫妇和不孕不育夫妻请傩狮进宅求子，求男得男，求女得女。

傩头有傩公、傩母之分，二者的面部、重量和身长都有差别，傩头面具与蚩尤头像一脉相承，身是用白布绘上狮子花纹而制成，"傩头狮身"由此得名。傩头狮身舞表演由五人完成，有一公一母一幼崽，传公、母分别由一人舞头、一人舞尾，幼崽一人舞，伴有锣、鼓、唢呐。一场完整的傩头狮身舞有72课，每课有固定的表演动作。完整的傩头狮身舞要有重大的宗族活动才表演，平常只表演其中的7课，表演时间约需15分钟。

（2）梅山武术

在梅山文化浩渺的星空中，古朴神奇的梅山武术是一颗闪闪发亮的恒星。梅山武术发源于古梅山域内的新化县，流传于湖南、湖北、广西、贵州、云南、四川等省区的部分地区，属南拳系，是当今中国传统武术流派中历史最为悠久并能很好地保留古传武术功法与技击精髓的优秀拳种。其起源可以上溯到远古氏族部落时期，正式形成拳种流派则是在宋代末期。梅山武术全面地反映了梅山地区的民俗生活和文化传统，已经于 2014 年被列入国家级非物质文化遗产名录。

梅山武术形成于恶劣的自然环境和战事频繁的社会环境中。几千年来，梅山先民对内与山中猛兽博斗，对外抵抗王兵的杀戮，在长期的出操戈戟、枕居枪弩的生活中，创造了以防为主、攻防兼备、古朴无华、简洁实用的独特武功流派。

紫鹊界武术是梅山武术的重要组成部分，而且在表现形式上更加显得原生态。首先，在器械上有打猎用的铁叉、铁耙、铁尺，也有日常生活中的板凳、方桌、棍棒、长烟筒、雨伞等。在紧急情况下，随手抢起这些器械，即可赋予它们攻击性，达到防身御敌、克敌制胜的目的。其次，功法独特，攻击性强，无虚架花招，套路繁多，短小精悍；手法勇猛刚烈，灵活多变，攻守自如；徒手搏击时多拳法，善用掌，少腿法，下盘扎实，步法稳健。最值得一提的是，它的很多武术技法和动作都是从日常生产生活中耕作和狩猎等生产劳作过程演化而来。

（3）新化山歌

梅山民俗文化博大精深，其中富有浓郁本土特色的新化山歌更是一枝绚丽的奇葩。20 世纪 50 年代初期，著名民间歌手伍喜珍把一首高腔山歌《郎在高山打鸟玩》唱进了中南海怀仁堂，博得了毛泽东等中央领导的赞扬。2008 年，新化山歌被列入国家级非物质文化遗产名录。

对新化山歌的起源有多种说法，历代县志和府志都没有记载，但从山歌本身可以寻找踪迹，有句云"秦始皇兴起到如今。"古诗亦可为据，如宋·章惇《梅山歌》有"穿堂之鼓当壁悬，两头击鼓歌声传"，生动地记载了梅山山歌的一种特殊演唱形式；清末大学者黄宗宪《山歌题记》中则记载："冈头溪尾，肩挑一担，竟日往复，歌声不歇。"因此有民歌研究专家认为，新化山歌起源于先秦，兴于唐宋，盛于明清。

新化山歌是劳动人民在长期的劳动生活中创造的艺术结晶，世代相传，深入到民间生活的各个角落，几乎事事有歌、天天有歌，唱山歌成为人们交流思想、融洽感情的一种主要方式。新化山歌的表现手法丰富多彩，句式长短有致，俚俗方言衬词较多，是美学价值极高的民间文学文本。在音乐上特色十分鲜明，起音都较高，跳跃性强，往往是一人起头众人和，具有粗犷、激越、陡峭、抒情的风格和大胆、利索、调皮带有野性美的特色，是我国民间音乐中的一枝带露的野玫瑰。

不同于新化其他地区，紫鹊界的山歌具有曲调高昂、唱腔响亮的特点，属于新化特有的高腔山歌。紫鹊界地区高腔山歌的形成与历史自然生态环境和劳动生产条件有着密切的关系。在古代，梯田一般开垦在远离村落的地方，因此当人们去梯田进行劳作时，特别是到那些接近森林边缘且人迹罕至的梯田进行劳作时，有可能遭遇到猛兽等动物，这会给人们带来极度的危险。因此，人们通过打响锣，高声吟唱山歌或劳动号子等吓跑可能潜伏的兽类；同时，山歌也可以有效地舒缓疲劳、放松身心。山歌与紫鹊界的日常生产劳动有着密不可分的关系，大量的山歌讲述了日常的生产劳动场景，如歌唱梯田生产过程的《插秧歌》、描述游猎过程的《郎在高山打鸟玩》（也叫《神仙下凡实难猜》）等。

（4）神龙舞

中国龙从起源至今，已有8000年历史。中国是龙的故乡，中国的龙文化渗透于中国人精神与物质生活的各个层面，可谓是泱泱大观。在紫鹊界一带，舞龙的习俗依然是那么古朴和率真，舞龙的过程充满着对神的期望和对龙的崇拜。这里常用的龙有香草龙、夜游龙、地滚龙和黄龙四个品种。其中，香草龙是敬奉天地、兴家旺宅之龙，为龙中之王；夜游龙为祈求五谷丰登、驱瘟避疫之龙；地滚龙为节庆期间小孩戏耍之龙；黄龙为欢愉喜庆、祭祀祖先之龙。

紫鹊界的香草龙与稻作梯田文化的关系十分密切。舞草龙是为了纪念稻神，同样有着几千年的历史。自古以来，紫鹊界人极为重视舞草龙活动，他们认为香草龙是五谷大神、地母娘娘的化身，是保护紫鹊界五谷丰登和保家旺宅的神灵。每当天旱无雨或者虫灾严重的时候，人们便到田间地头去舞香草龙，以祈求神灵灭害杀虫。春节时则到各家各户的家里舞草龙敬稻神、闹元宵，以祈求神灵护佑人们平安发达、兴家旺宅，在一些重大的节日和庆典上，也要舞草龙以示庆祝。

香草龙除龙头和龙尾之外，中间一般有七或九拱，用竹篾织成龙骨，并用2米左右的木棒牢牢扎到龙骨上，然后用稻草织三条粗壮的辫子，把龙头、中拱、龙尾连接起来，每拱的距离5~7尺，龙头到第一拱约7尺，依次缩短，最后两拱之间约5尺。草龙制作完成后，要舞龙时，再将其搬到草坪或田埂上，将龙身的木把插入，然后将从山上采来的万岁藤（一种常绿的藤状草本植物）做成龙被盖到草龙上，并在每拱龙骨上扎一把线香。而舞龙人则头缠红布巾，立于龙旁待命。舞龙之前，要先由法师作法事。在紫鹊界，一般祈请巴油庙王、邹法灵公、奉君三郎、王公樟柏、九姑仙娘、罗公义威、罗公光侯等地主菩萨，在龙灯的引导下，游龙开始到每家每户舞龙。在每一户舞后，主家要打发红包、糍粑和礼品，并燃放鞭炮，随即收龙。收龙时龙尾先行退出，再调转龙头，奔向另一家。待各家各户都舞遍之后，再由法师举行复杂的收猖仪式，舞龙便宣告结束。

夜游龙是晚上舞动的游龙。其扎制方法是，先将龙头龙尾、中拱用竹篾扎成灯箱，除头和尾扎成龙的形状外，中间各拱做长约2尺、直径1尺的圆柱体灯箱，并分别固定到长6~6.5尺的圆木体上，灯箱内设置安放蜡烛的地方，然后用皮纸糊上，下方留一方孔以安装蜡烛，再用白布作龙被，将其固定到各节灯箱上，夜游龙便扎成了。为了好看，可在龙头龙尾和各节灯箱上点缀一些红绿纸花，亦可贴上"五谷丰登""风调雨顺"等字样。夜游龙主要在晚上进行，同样要请神、发猖、收猖，进行的方法也一样，只是在祈请神灵时，要加上"驱瘟避疫，除病消灾，风调雨顺，五谷丰登"等语。

地滚龙也叫地龙，地龙舞是流传于奉家镇下团村的一种独特的民间舞蹈，据传产生于南宋。历史上，地滚龙曾经被青年男女用于表达爱情，他们利用"春社"游洞的时机，在洞内舞龙来向对方表达爱意。若男子对某一女子有好感，则手执龙头面对该女子舞蹈。若女子也看上了男子，则该女子手执龙宝与男子对舞，从而产生爱情。这与"公主抛绣球""新化山歌对歌"有异曲同工之妙。随着时代的发展和人们思想观念的进步，舞地龙的原始作用逐渐淡化，演变成一种纯粹的民间文艺表演形式，并伴有锣鼓，表演场所也从洞内移至洞外。现在的地滚龙主要是供小孩戏耍娱乐的龙，也可参与夜游龙的游龙活动。地滚龙表演时，因节奏性很强，若配以锣鼓点子，其观赏性更强。地滚龙参与夜游龙或香草龙活动时，要参与请神发猖仪式，到各家各户舞龙时，它的主要任务是跟香草龙或夜游龙到主家厅屋中央表演，以增加喜庆气氛。

地滚龙的制作方法简单，只需用稻草编制一个龙头，用长的木棍作手柄；用竹篾做成一个球状的"宝"用皮纸糊好，即成。舞蹈由两人进行，一人舞龙头，一人舞龙宝，配合默契。舞地滚龙有固定的招式，共有三十六合式，而今能舞出来的只剩下十四合式。

黄龙是到处可见的用布做成的五彩斑斓的龙，多用于婚丧活动和祭奠祖先、清明祭扫活动。现在的梅山人舞黄龙时，为适应在舞台上表演，已将龙身缩短到6~7米左右。舞时一般用双龙，加一个人舞龙宝，叫双龙抢宝，舞动时更为活跃，并大量采用滚、叠、跃等动作，其表演极具观赏性。

（5）梅山竹子戏

梅山竹子戏，又称木偶戏，原名楚南戏，传人至今有13代。竹子戏与其他木偶戏不同，需要用一手伸入戏偶内操控其进退与翻转，一手操控连接于戏倡手部的两根细长竹竿进行手势动作的表演。竹子戏的唱腔源于祁剧唱腔，祁剧形成后逐渐向各地发展，以祁阳、衡阳为中心的称永和派，以邵阳（新化古属宝庆府，今邵阳）为中心的称宝河派。梅山竹子戏的唱腔属于宝河派。梅山竹子戏从古至今演出的剧目有一百余出，现在能完整演出的戏剧有30出。这种表演形式在以前深受群众喜爱，往往剧团每到一地都会吸引十里八乡的百姓前来观看。到如今由于时代的转变、大众传媒载体的增多，梅山竹子戏这一古老的戏种生存的空间越来越小，年轻人中几乎无人愿意学习与传承这门艺术，因而濒临失传。

4. 节庆习俗

紫鹊界的节庆活动主要有春节、清明节、尝新节、中元节等，大部分节日都别具地方特色。

（1）年关吃萝卜

紫鹊界人过年，必烧一炉大火，叫作"三十夜的火，元宵节的灯"，而且火越旺越好，预示来年日子的红火。除夕火旺之时，将整块的腊肉和整只的鸡或鸭一起清煮，熟后，将腊肉、鸡或鸭从锅器盛出，留下一锅汤，再将萝卜切成块，倒进锅内清炖。正月初一清晨的餐桌上，除了"鸡鱼丸子肉，海带蛋花汤"之外，必有一碗萝卜；接待客人的餐桌上，也必有一碗萝卜。这个"规矩"成了紫鹊界山习俗。

（2）春社吃社粑

新化人把春分日叫作春社日，即春天即将到来。这时，毒蛇等害虫也即将苏醒，因此，在春社这一天人们用粑把害虫等堵在洞里就可以让它们不危害一年的农业生产。慢慢地，即演变成为春社日吃社粑的习俗。在新化，人们又把社粑称为生粑；吃社粑又有"堵蛇眼"的意思，据说是"春社吃了肥，屋里不见蛇"。

（3）清明节"挂清"

清明节是民间极为重要的节日，俗称"挂清"。从清明前十日至清明后三日，是为祖宗坟茔祭扫之日，其中清明前一日或二日为寒食节，在茅田地方不宜扫墓，说是烧化的纸钱易被孤魂野鬼抢走。扫墓尤以清明日为佳。给新去世的人"挂清"，其习俗

又有所不同。即在人去世的次年春节过后，其子孙要为亡人做"孝清"，选2米多高的竹竿，用竹蒙在杆上扎成骨架，然后用纯白纸做成各种装饰图案粘贴到骨架上，上立仙鹤。孝子们披麻戴孝，将"孝清"置于坟头，上三牲祭礼供果于坟上，然后点香化纸，顶礼膜拜，并鸣放鞭炮，如此连续三年依法进行，只是"孝清"的颜色却有变化：头年用白纸，次年用花纸，三年用红纸，如此约定成俗，沿袭数千年，祖神崇拜依然如故。当地挂青习俗历史悠久，制"青"手艺也精益求精。

（4）耕牛过生日

耕牛在新化人的心目中有着非常重要的地位。新化人认为农历四月初八这一天是牛的生日。在这一天，农民和牛都会放一天假，以示对牛的尊重和爱护。

（5）尝新节吃新米粑粑

每年"立夏"后头伏逢卯日为尝新节，五谷果蔬为上苍所赐，应先请天地神灵尝新，这是古梅山地域苗、瑶、侗等民族更重于端午节的节日。当年，瑶人遭官兵追杀时，有好心人见其中有孕妇临产，即插了一面令旗，规定此地不准杀戮，孕妇才躲在瓜棚底下产下瑶崽。自此，瑶人将此日定为节日，规定当年生长的瓜果必须先敬神灵之后方可食用。这就是尝新节的来历。是日，人们备酒礼牲食，以新米煮饭。（如新米尚未成熟，可摘新稻数茎蒸熟），加上时令蔬果，敬奉天地，敬祖先，祀请"五谷大神"，以保佑无旱无涝、岁稔年丰。

（6）中元节

"七月半"是中元节，又称鬼节，因传说每年七月初十阎王开门放鬼回家探亲而命名，但在湘中民间，如果说祖先是鬼则大为不敬，没有任何人称中元节是鬼节。中元节是湘中地区传统的四大祭祀节日之一，是迎接列祖列宗回家"打住"的庄严肃穆的祭祀节日。七月初十傍晚，家之长者率阖家大小到三天门外，点香化纸，迎列祖列宗和亲人回家，一路呼喊，一路点香化纸，引导亲人进屋。之后，每日三餐都要备办好酒好菜，悉心款待，并费化冥钱。到七月十五中元日，要为亲人准备"包封"，即用黄表纸将冥钱、金锭、银锭包好，上书"包财一束，某年中元大会行，某公某大人或某母某孺人受用，具包人某某"等字样。傍晚，将所有包封送三天门外，装香敬茶，燃化纸钱包封，热热闹闹地打发亲人返回阴曹地府。对新亡故之人，还要烧"金银箱""衣冠箱"等。一些地方还有放河灯超度孤魂的习惯，即用篾片和彩纸扎成小船或灯笼，中燃蜡烛，下托木板，一家一盏放于河中漂流，银光闪烁，颇为壮观，民间谓之"送瘟神"。

（7）五谷大神祭拜

五谷大神祭的是神农黄帝。神农尝百草，发明了稻谷，后人尊其为药神，各地都有不同时节的稻神节，祭祀仪式有求雨、祭农具、招稻魂、除田鬼等，均在药王庙举行。而紫鹊界的稻神节则定在每年的农历八月初十，届时用猪头四足、雄鸡酒礼、炮蜡香纸等十多种礼品，请五位道士在新扎的高台上以最隆重的仪式祭拜五谷大神，祈求风调雨顺、人寿年丰。五谷大神祭拜是紫鹊界几千年来流传至今的最为重要的祈福仪式，是对先民们在长期的农耕生产中创造出来的稻作文化的传承。

（8）放桶花

看过浏阳烟花的人不少，见过新化桶花者却不多。新化燃放桶花的习俗以紫鹊界景区所在地水车镇为盛。当地民俗认为，燃放桶花不但可使地方清泰、远离灾患，还可祈求五谷丰登、六畜兴旺。紫鹊界桶花的历史可追溯到明代。据传，有了吃月饼的习俗，接着便有了放桶花的民俗。新中国成立前，每年农历八月十五是例行的桶花燃放日，后来曾一度停止，距今最近的一次成功的桶花燃放会在1956年，而今桶花已经失传。

（9）送小孩

在新化，中秋节这一天，除了常见的吃月饼习俗之外，还有烧宝塔、摸秋和送小孩等活动。在中秋节这一天，小孩们偷一个冬瓜并把它装扮成男孩子，放到没有生男孩的人家的床上。待主人招待了瓜子和花生后，孩子们即准备离去。其中的一人忽然说忘了一件东西在"孩子"身上，紧接着跑到床边把"冬瓜小孩"身上的瓜藤一扯，冬瓜里汁液打湿了被子。孩子们就会拍手大叫："哦嗬嗬——射尿了！"大人不但不会生气，还会欢喜得哈哈大笑。

（10）烧宝塔

烧宝塔是新化中秋节时的另外一个习俗。中秋节这天，人们用瓦片垒成空心宝塔，烧上柴火，烧到晚上快十点钟时，宝塔会烧得遍体通红。烧宝塔到高潮部分时，则以硫黄、木炭、硝混合的烧料撒向宝塔，升腾起红红绿绿的火光。

（11）摸秋

中秋节的习俗还有摸秋，人们到别人的菜园里去偷瓜、果等，主人即使遇上了也不会责怪，但只许吃，不许带走。

（12）腊八节杀猪

在新化，农家在农历十二月初八这天杀猪，通过"还猪头愿"感谢各路梅山神仙的保佑，祈祷来年五谷丰登、六畜兴旺。然后会做一大锅"毛血汤"，请亲朋好友来吃，把煮好的猎血分送亲友。

5. 传说故事

新化流传的神话传说比较多。作为一个苗、瑶、侗、汉多民族的区域，当地流传的神话故事纷繁驳杂，主要围绕蚩尤、张五郎、盘瓠三个人物描写。此外，紫鹊界的景点也有很多动听的传说故事。

（1）蚩尤的传说

司马迁在《史记·五帝本纪》中写道：蚩尤作乱，不用帝命。于是黄帝乃征师诸侯，与蚩尤战于涿之野，遂禽杀蚩尤。又《龙鱼河图》记载：黄帝摄政，有蚩尤兄弟八十一人，并兽身人语、铜头铁额，食沙石子……可见，蚩尤由司马迁笔下的人物被《龙鱼河图》转化为神话人物，说明蚩尤是一个具有很强神性的半人半神的怪异人物。几千年以来，经过历代王朝的传说与考证，还蚩尤以人物形象，把他与黄帝、炎帝一起具象定型为中华三祖且被确认为苗瑶始祖、东方战神，南方巫文化，稻作文化和刑法、历法、冶金术、兵器工业的创始人，古代政治、军事、宗教三位一体的氏族公社领袖。

在新化民间，蚩尤既对异氏族、外部落是一位好兵打仗的怪力神，又是本氏族和本地方的保护神，因此在新化农村至今绘制蚩尤的形象供祭祀之用。各地的蚩尤像略有不同，但其共同特点是：头上长角，巨眼且凶猛，阔口且怒张，很恐怖的样子，还通过红配蓝的色彩来强化凶猛，整个画像给人以躁动不安、神秘、恐怖的情绪感染力。通过绘画蚩尤凶像，人们表达了一种辟邪镇鬼、护佑人们安康和地方安宁的诉求。

蚩尤作为古代战神，其形象在新化民间根深蒂固。蚩尤用牛角"哈雾、哈雾"地吹，可以呼风唤雨、召集兵马，因此师公做法事要牛角。蚩尤是被黄帝绑于枫树上杀死的，他的鲜血染红了

枫叶，化身为枫树上的蛇，因此师公的师杖上刻有南蛇。新化人还崇拜枫树，举行梅山坛仪式的最佳位置就是在枫树下。相关习俗还有春节送春牛、影牛等。

（2）张五郎的传说

至今为止，对张五郎没有正史记载，但他是新化民间传说中的人物，在新化的符书、纸版画、木刻、石刻等图画中，都有张五郎的形象，头脚倒立，双脚朝天，左脚心顶一水碗一香炉，左手抓鸡，右手执刀或剑。

关于张五郎的叫法，新化民间有很多种，如梅山法主翻倒张五郎、河杯九佛山启教翻天倒挂张五郎、翻坛打倒张五郎、祖师张五郎、梅山坛主张五郎、翻坛五郎、要山五郎等。关于他的"倒挂"有冬瓜端午郎说、求雨赐名说、惩处倒挂说、倒立逃跑说、篱笆倒挂说、脑壳接反说、练功接反说、倒挂解厌说、盘瓠演变说等多种传说。无论哪种说法，都赋予张五郎"反叛形象"的感情色彩，其原型中既有蚩尤的影子，也有盘瓠的影子。

在张五郎的"倒挂传说"中，最有意思的是倒立逃跑说和脑壳接反说。倒立逃跑说是传说张五郎曾经跟太上老君学法术，其间，得到了太上老君女儿姬姬（也就是白娘娘）的许多帮助。张五郎学成之后，姬姬与他私奔回梅山，太上老君放飞刀来追杀张五郎，姬姬叫他倒立逃跑以避飞刀，同时将飞刀抓住后杀了一只鸡再放回去。但太上老君在收刀看了血迹后，知道是禽血而非人血，于是再放刀去追。姬姬只好用飞刀割破张五郎手指，再将飞刀放回，这才骗过了太上老君。脑壳接反说是传说太上老君放 36 把飞刀来杀张五郎，姬姬叫张五郎撑开破伞抵挡，飞刀在伞面上滚动，张五郎觉得很好玩，伸出头来看伞面，被飞刀削下脑壳。姬姬赶紧撕下一片衣襟把他的头包裹在脖子上，但匆忙中把头接反了，从此成了个反头。

（3）盘瓠的传说

相传盘瓠是帝喾身边的一条神犬。有一次，帝喾下令，谁能够取下敌军首领的头颅，他就把女儿许配给他为妻。神犬听了此话后便飞奔而去，从敌营中取来了首领的头颅。帝喾一看有些迟疑想毁约，但他的女儿却说，王令既出不可后悔。她毅然跟神犬盘瓠走了。夫妻俩寻到梅山一座洞栖身下来，生儿育女。又说，盘瓠为这里的人们从远方取来了稻种。从此，梅山苗民把它作为图腾传习了下来。

（4）八卦冲的传说

置身紫鹊界石峰观景台，俯瞰八卦冲梯田，可看到数个大小匀称的小山包呈环形分布。一级级梯田依山而造，环抱成一个硕大的太极图；梯田间长短不一的线条酷似易经八卦的阳爻、阴爻的粗横线，与小山包一起构成一幅易经八卦图。八卦冲也因此而得名。这里流传着一个耳熟能详的故事：相传明正德年间，水车镇一带连年遭受旱灾虫灾，同时，朝廷横征暴敛有增无减，民不聊生。当地农民李再万、李再具兄弟不满明王朝暴政，在紫鹊界的白旗峰一带聚众起义。为了拒王兵于白旗峰外，李氏兄弟率义军大部 500 余人下山，在地势较开阔的锡溪村拒敌。两军遭遇后，尽管义军英勇抵抗，但王兵增援力量源源不断，义军渐渐不支，除少数散兵游勇逃回白旗峰外，主力撤至距锡溪五华里的八卦冲宿营。次日，王兵又集中优势兵力围攻八卦冲。义军左冲右突，死伤过半仍无法脱困。此时，当地一位在外做法事的法号叫法灵的邹道士回家路过，听到喊杀声大震，放下道担登上高处一望，见义军已在八卦冲中迷路找不到生门，若继续下去，有全军覆灭的危险。为了引开王兵，他操起做法事的牛角跑到小山包上吹起来。王兵闻声，疑义军援兵赶到，立即分兵拦截，义军乘机再次突围，但仍没能找到生门。邹道士见状，又奔赴最危险的死门，把牛角吹得震天响。王兵随即又将优势兵力转移到死门。见王兵军力转移，义军赶紧往防守相对薄弱的生门突围而出。而邹道士却被王兵生擒，王兵杀掉邹道士，砍掉其头颅后继续追杀义军。为了牵制王兵，身首分离的邹道士爬起来，捡起自己的头颅往脖子上一接，又操起牛角吹起来。王兵闻声，又折回来将邹道士砍倒，并割下其头颅后提走。刚转过一个小山包，后面叫声又起。再次折回时，王兵见邹道士尸体的脖子上接着一个女人头颅，又在吹牛角。王兵再次杀死邹道士，并打死一条狗，将狗血淋在邹道士的脖子上。被狗血污染，头再也不能合上了。此时，义军已逃得无影无踪。王兵离去后，当地山民捡回邹道士尸身、肢体及那个女人头颅，葬在石峰村最高的山峰上，墓前竖起石碑，上书"邹法灵公之墓"，改山峰名字叫灵公界。清同治七年（公元1868年）罗名先、罗钦明、邹板群、邹忠道等人用料石修灵公庙于斯，镌以联曰：法术至大，灵验无方。从此，为纪念邹法灵公，八卦冲及周围住民去南岳敬香，启程前总会先给邹法灵公敬炷香，叫烧起香，香包上书："南岳进香一路平安。"回家后，又总要再给邹法灵公敬一炷香，叫回香，香包上写："回光转照，万事如意。"这个民俗至今仍为水车镇一带村民沿用。

二、科技价值

紫鹊界先民开凿梯田，善于利用地形，并能根据当地的地质、土壤、森林植被及水源特征，因地制宜地进行修建，合理配套自然灌溉系统，确保梯田整体稳定，防止水土流失。

紫鹊界属亚热带气候，降雨比较丰富，但降雨分布不均，且夏末秋初常出现少雨。紫鹊界山顶森林茂盛，植被丰厚，集雨纳水条件好；山体为花岗岩，其岩体坚实、少裂隙，恰似池塘不透水之底板，其地表为沙壤土，吸水性能好。土壤吸收雨水，又均匀渗出，形成优良的蓄水和分水系统工程。据观察，日降雨50~60毫米，雨滴落地即入土，全部为本土所吸收，无坡面漫流。该地每立方米土壤储水量可达0.2~0.3立方米。紫鹊界的植物、土壤、田块综合储水保水工程可使农田有充足的水源。

（一）巨大的地下水库

新化县水车镇紫鹊界梯田区总面积6416公顷。为了保证水源，当地优先留足森林面积，林田比例约为2：1，山顶戴帽子，山腰围带子，山脚穿裙子。山顶1200~1500米为林区，面积0.73万公顷，占65%；山腰以下为梯田，高程500~1300米，坡度为20°~40°，面积0.4万公顷，占35%。

梯田区植被繁茂

紫鹊界山顶植被

水储藏于土壤，出自岩石之裂隙和土壤孔隙。紫鹊界大小山头植被条件好，一般都有4层植被：一层为松、柏、枫等乔木，枝繁叶茂；二层为山茶、紫荆等灌木，密织如麻；三层为厥草和落叶，厚铺如被；四层为树、草的根，盘根错节。

降雨经如此四层植被，被充分拦截接纳。小雨只沾叶湿干，无水滴直打地面；中雨经树枝和树叶接纳后成水滴下落，但无坡面漫流；暴雨经林草落叶接纳后，均匀浸入土壤，地面有缓慢表流，但无集中急流。据紫鹊界气象站1990年6月15日观测，日降雨116.5毫米，没有水土流失。

紫鹊界表层土壤为花岗岩风化而成的沙壤土，厚1~4米，这种沙土母质发育的土壤，土（沙）粒粗，其中粒径0.025~0.5毫米的颗粒占40%~50%。孔隙率为39%~57%，每立方米土壤的含水量为0.2~0.4立方米。整个紫鹊界梯田区域内，最大储水量为1200万~1500万立方米，每亩可获得灌溉水量200立方米，一般在无雨期每天蒸发和渗漏水量10毫米，土壤储水可灌溉至少20日。

（二）天然的地下给排水网络

紫鹊界地质为花岗岩，整个山体似一座花岗岩磐石，地表以下完整无缝，如一块不透水的塘底，其山顶和山坡所降雨水只能从山腰坡地渗出。特殊的地质结构和千万个渗水口形成的天然地下给排水网络不停地渗滴着水分，滋润着梯田。

梯田水源之一：地下水出露

（三）山坡细沟与田间输水形成的地面灌溉系统

中国长江以南水田灌区一般都有干、支、斗、农、毛渠系，而紫鹊界数万亩梯田从外表看没有人工开凿的大型渠道。这是因为紫鹊界梯田的水源分布均匀，每个灌区很小，没有必要开深沟大渠。田间输水任务主要由毛细沟圳和水田来完成。从近至远，

利用山谷沟槽修筑集水输水道

田水、沟水分流

竹枧供水

从上而下，输水方法多数采用借田而过，有的为了不穿田而过，在田块内外侧用矮埂将过水渠和田分开。也有的用竹枧（竹筒）输水。

　　紫鹊界梯田灌溉工程虽然渠道短小，但设计科学，构造精巧。如奉家村梯田中从上至下有一条主槽，具有引水、输水、泄洪三种功能。每隔5~10米设一坝坎，坝虽小，功能齐全，河坝上有沉沙池，有泄洪口、分沙堰、引水涵，等等。像都江堰那样，洪水和泥沙从主堰泄入泄洪口，平时清水从分水涵分入细渠和水田，实现水沙分流，以及洪水、渠水、田水三水分流。

自上而下贯通的梯田主槽

（四）精耕细作与田间蓄水

紫鹊界梯田不仅景色迷人，而且梯田修筑技术也十分科学。每块水田水平精度极高，有些土丘块长 100 余米，首尾水平，全部靠人工做成，田块蓄水面就是当地农民的水准测量仪，田块形状与大小依地势地形而定。据当地农民介绍，他们的主要劳动工具为锄铲与镰刀，因山坡为 20°~25°，有个别田块位于 30°~40° 陡坡上，每级梯田很窄，宽约 2~2.5 米，每级坎高 1~1.5 米，放不下耕牛和犁耙，大多数田块只能用锄和手耕种。正常情况下，梯田蓄水深约 5~10 厘米，每亩田蓄水约 10~15 立方米，田间蓄水深度根据晴雨天气变化而及时调整。

梯田区农民爱水如命，时刻关注田间蓄水情况。因梯田水源

来自于土壤渗水，水量稳定而限量，不能随作物需求而增加，若田间水漏了，不能临时补充，必须十分注意保护田间蓄水。

梯田田间蓄水，保证足够的水量

当地农民特别注重田埂质量，严格做好防渗和黏土膜面。为了不让鳝鱼泥鳅打洞钻孔，穿通田埂造成渗漏，夜晚农民会打着灯火观察。为了保护田块蓄水功能，梯田冬天也水满田畴，防止土层干裂，破坏蓄水保水条件。

田埂维护，防漏防渗

田埂维护

（五）依山顺势巧妙地防止水土流失和山洪灾害

紫鹊界梯田区位于亚热带雪峰山暴雨中心区，暴雨时有发生，但梯田区基本无水土流失和山体滑坡，原因是当地人民因地制宜采取如下防治措施：一是保持森林茂盛、植被丰厚，暴雨水滴被树草拦阻，渗入土壤，表面径流很少，无力削动表土；二是使梯田的田埂高程适当（高度一般为0.2~0.3米），最多每亩梯田可蓄水50~60立方米，一般暴雨情况下无水溢过田埂；三是各小型灌溉系统科学地设置泄洪沟，每级田埂高于分洪口，使坡面暴雨径流分级泄入泄洪沟，不冲刷梯田；四是选择石底谷槽为下泄水沟，避免山体滑坡。

梯田上部为山林

三、生态价值

古代紫鹊界人民遵循人与自然和谐相处的理念，通过综合整治最终形成完整的生态系统工程：耕地整治—水系营造—植被保护—农艺耕作—新农村建设。积淀的厚重生态理念和建造管护经验，为水利工程建设及生态文明建设提供了极其宝贵的借鉴。

（一）体系规划

清人吴颖炎指出："凡山除山巉岩峭壁莫施人力及已标样柴薪外，其人众地狭之所皆宜开种。开山法择地稍平地为棚，自山尖以下分为七层……就下层开起。"紫鹊界梯田的修建经过了精心的规划设计，在水沟配套、引水冲沟、冲肥以及修建沉沙池等工程措施的设计施工上，至今仍具有指导意义。

古代人民具有因地（水）制宜的理念。梯田依山势，采取自流引水式渠道纵坡的设计。沿等高线修建干渠，汇集高山来水，然后垂直等高线方向修建支渠，再逐渐修建下级渠道，最后形成较为完备的渠道系统。

梯田的修建经过了循序渐进的建设思路。首先，在山坡平缓处开挖出缓坡旱地，经过一段时间的耕作，缓坡旱地逐渐变成较平的旱地；其次，根据当地的灌溉条件，采取措施把旱地改造成台地，并使之不断熟化；最后，再改造成水稻梯田。一般提前数年将荒坡辟为台地，在台地上播种数季旱地作物，待水渠挖通，就在台地开挖出梯田。这样可以量水为田，视水源水系配套条件，逐步做到山有多高，水有多高，梯田就有多高；而且经过旱地—台地—水田反复翻挖、施肥耕作和逐年熟化过程，保证了工程质量，使梯田肥力稳定，田埂坚固耐用不渗透。

梯田景观

（二）生态维系

在悠长的农作历程中，紫鹊界梯田区灌溉形成一些不成文的规定，当地农民世世代代自觉遵守，例如高水高灌，低水低灌，较高一级渠道的水灌较高的梯田；每条渠道所灌梯田的数量，位置都有规定。紫鹊界梯田灌溉区有时也缺水，但从来不发生水事纠纷。

古代紫鹊界梯田的建设者从开垦到管护，无论是技术上还是理念上，都包含崇尚自然、顺应自然、永续利用的理念，使整个梯田系统在利用自然求得生存的同时，保持水土、保护自然，反过来以良好的自然生态求得生存的可持续性。这个系统与现代提倡的可持续生态农业发展模式不谋而合，已被实践证明具有科学性和可操作性，具有强大的生命力。水土保持效益与价值，山水林田湖草系统治理的典范。

（三）生物多样性

首先是农业物种的多样性十分丰富。仅水稻就分为籼稻和粳稻、糯稻和非糯稻。历史上，紫鹊界内的栽培以非稻为主，居民也喜欢种稻。清道光二十五年（公元 1845 年）的《宝庆府志》

延续传统的耕作方式——除草

第 140 卷第 15 页记载："数亩之中，尽以种秫（糯稻）……"。民国三十三年（公元 1944 年），执政者还有限种糯稻之举，胡瀚《治新三年》第一页载："减少糯稻栽种籼稻，办理区域是全县三十七个乡镇，每个农户种植面积不得超过其总面积的 1%，规定糯米市价不得超过籼米市价。"随着历史的发展，紫鹊界种植的传统品种逐渐减少，大部分被杂交稻所代替。目前，紫鹊界种植梯田栽培的传统水稻品种有白沙糯、云农糯、荆糖 1 号、麻谷红、黑香贡米、黑珍珠、红超 30 和卫红晶晶米等 8 种。杂交稻品种有 150 个左右，有 T 优 705、陵两优 942、株两优 819、陆两优 996、T 优 111、I 优航 2 号、扬两优 6 号、Y 两优 1 号、Y 两优 7 号、深两优 5814、五优 308、天优 998、T 优 272、T 优 207、金优 117、丰优 9 号、深优 9586、丰源优 299 等。

紫鹊界梯田除了拥有丰富多样的水稻品种以外，其他粮食作物有玉米、薯类、豆类等，传统的杂粮品种有谷子、粟米、荞麦，当地种植的黄豆（大豆）、黑豆、米豆、绿豆、蚕豆、马铃薯都是传统品种，这些都是重要的种质资源。其中，在 1960 年以前，本地种植传统品种红薯（甘薯）占栽培面积的 90%，后来引进推广的其他品种种植面积逐渐增加，达到一半以上。油料作物主要有油菜、油茶和花生。不同品种白菜、萝卜、胡萝卜、芹菜、南瓜、辣椒等蔬菜作物和板栗、杨梅、葡萄、枇杷、柚子等瓜果类作物也都有种植。

当地的家禽家畜品种也很多，鸡、鸭、猪、牛、羊等家畜广泛养殖，其中鸡有三黄鸡、芦花鸡、蛋鸡、乌鸡和矮脚鸡等品种，鸭有绍兴麻鸭、江南蛋鸭、北京鸭等品种，猪有长白、大约克、杜洛克、湘西猪、宁乡猪、杜长大等品种，牛有湘南黄牛、湘西黄牛、安格斯与本地牛杂交、利木赞与本地牛杂交及西门塔尔与本地牛杂交等品种，羊有盟山羊和波尔山羊等品种。

紫鹊界的稻田水生生物多样性也很丰富，有鱼类、甲壳动物、两栖动物、软体动物、昆虫等多种水生生物，其中鱼类多样性最高，有鲫鱼、草鱼、鲤鱼、鳊鱼等 23 种。

此外，紫鹊界梯田境内森林茂密，植被完好，生物多样性丰富。有高等植物 99 科 258 属 933 种。其中国家 1、2、3 级保护植物 20 种，1 级有银杏、水杉、红豆杉等 5 种，2 级有金钱松、香果树、连香树等 11 种，3 级有银鹊树、青檀等 4 种。当地的中药材比较有名，包括金银花、杜仲、绞股蓝等。紫鹊界森林覆盖率高达 68%，孕育着许多珍贵的野生动物资源，仅国家与省级保护的 1、2、3 级动物（不包括昆虫）就有 41 种，其中 1 级有云豹和蟒蛇 2 种，2 级有猕猴、穿山甲、水獭、大灵猫等 13 种，3 级有狐、黄鼬等 26 种。

四、环境保护价值

紫鹊界梯田区位于亚热带雪峰山暴雨中心区，暴雨时有发生，但梯田区基本无水土流失和山体滑坡，这要归功于紫鹊界的森林植被、土壤以及自流灌溉系统共同组成的当地特有的生态系统，特别是位于系统顶部的森林能够很好地起到涵养、调蓄水资源的功能。

（一）水源涵养

紫鹊界梯田区降雨分布不均，且夏末秋初常出现少雨现象。遇旱年，山下稻田歉收，而紫鹊界梯田中的水稻并不会受到干旱的影响。紫鹊界梯田无塘无库，其水源充足的主要原因可归结为森林、土壤和地形之间形成的巨大蓄水库。紫鹊界山顶森林茂盛，植被丰厚，纳雨纳水条件好；山体为花岗岩，其岩底坚实、少裂隙，恰似池塘不透水之底板；其地表为沙壤土，吸水性能好。土壤吸收雨水，又均匀渗出，形成优良的蓄水保水系统工程。

紫鹊界梯田的表层土壤为花岗岩风化而成的沙壤土，厚 1~4 米，这种沙土母质发育的土壤，土（沙）粒粗，其中粒径 0.025~0.5 毫米的颗粒占 40%~50%。孔隙率为 39%~57%，每立方米土壤的含水量为 0.2 ~0.4 立方米。整个紫鹊界梯田区域内，最大储水量为 1200 万 ~1500 万立方米，每亩可获得灌溉水量 200 立方米，一般在无雨期每天蒸发和渗漏水量 10 毫米，土壤储水可灌溉至少 20 日。再加上山顶森林像一个巨大的蓄水池，源源不断地为系统提供水源，即使在干旱的年份，系统也能够提供有效的灌溉，成功应对气候变化的影响。

（二）水土保持

紫鹊界梯田的森林生长茂密，植物种类繁多，主要以杉树林、板栗林、竹林为主，杂生各种灌木和草本植物。按照截留雨水的不同，从高到低可以分为4层：一层为松、柏、枫等乔木，枝繁叶茂；二层为山茶、紫荆等灌木，密织如麻；三层为藏草和落叶铺厚如被；四层为树、草的根，盘根错节。降雨经如此四层植被，被充分拦截接纳。高大树木的林冠拦截雨水，削弱雨水对土壤的直接溅蚀力；同时活地被物层和凋落物层对降水和径流的调节，基本上消除了雨滴对表土的溅蚀和地表径流的侵蚀作用。由于植被根系具有固土作用，其分泌的有机物胶结土壤，使其坚固而耐受冲刷。小雨只沾叶湿干，无水滴直打地面；中雨经树枝和树叶接纳后成水滴下落，但无坡面漫流；暴雨经林草落叶接纳后，均匀浸入土壤，地面有缓慢表流，但无集中急流。因此，植被生态系统具有较好的土壤保持功能。据紫鹊界气象站1990年6月15日观测，日降雨116.5毫米，没有水土流失。

五、景观价值

紫鹊界梯田遍布于湖南省新化县水车镇海拔500米至1200米的山头上，最高峰海拔1584米，以紫鹊界梯田为中心，共有梯田8万亩，其中集中连片的梯田2万亩以上。梯田依山势盘旋，其形状如链似带，像是一层层曲折、柔软的纬线堆叠。不同地域呈现出不同的特色，如白水梯田空蒙秀美，龙普梯田博大壮观，白旗峰梯田（长石村梯田）空灵飘逸。面积最大不足一亩，最小的只能插几十蔸禾。梯田线条流畅，层次分明，气势雄伟壮观，如级级阶梯，似根根纬线，层层叠叠、依山就势盘旋于群山沟壑之间，

集自然美、古朴美、形体美、文化美于一体，特色鲜明、风格独具，具有极高的艺术审美价值。

（一）立体画卷

紫鹊界梯田是典型的中低山丘陵地貌区，地势由西北向东南方向倾斜。西部、北部雪峰山主峰耸峙，东南部为低山丘陵，中部是资水及其支流河谷。区内最高海拔为1584米，最低海拔为353米，相对高差达1000多米。紫鹊界梯田共500余级，最高海拔达1200米，最低海拔为450米，大部分分布在500~1000米。坡度为25°~40°，最高处达50°以上。紫鹊界梯田与新化的地势地貌、生态环境、民族建筑相结合，具有传统风情的干栏式民居与风水林木一道错落有致地点缀在层层叠叠的梯田之间，形成了融梯田景观、气象景观、传统民居建筑、森林生态景观于一体的综合景观，其天地造化的自然之美令人心驰神往。

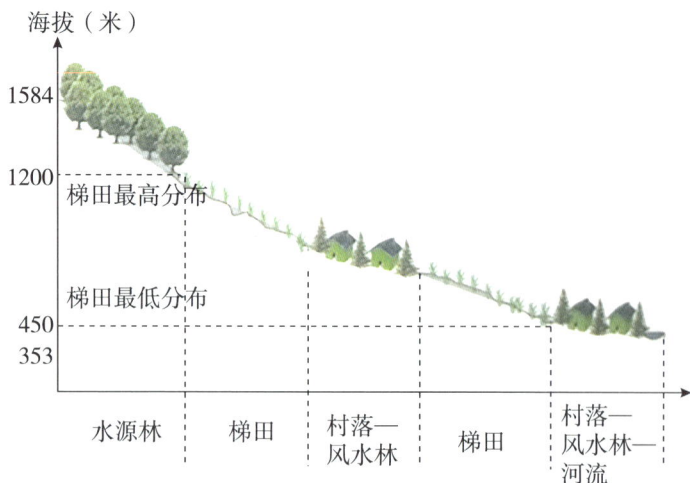

紫鹊界梯田立体景观示意图（田亚平／提供）

（二）五大明珠

新化县的梯田面积约 20 万亩，核心保护区约有梯田 8 万亩，其中集中连片的梯田 2 万亩以上，最大的田块不足 1 亩，最小的田块只能插几十株禾苗。具有代表性的主要有龙普、石丰、长石、白水、金龙等 5 大梯田片区。不同地域呈现出不同的景观特色，如长石区的丫馨寨梯田绵延于山坡，规模宏大；石丰区的八卦冲梯田逶迤于山场，气象万千；金龙区的老庄梯田环依在村旁山丘，结构简洁的民居板房与线条生动的梯田形态互相映衬，形成自然与人文融合的独特景观。

紫鹊界梯田景观秀美，具有代表性的主要有 5 大成片梯田。

龙普、石丰梯田：龙普、石丰梯田披挂在或陡或缓或大或小的山坡上，层层叠叠横躺于天地间，片片相连数千亩，梯梯相垒几百级，高高低低，仿佛一道道天梯从山巅斜挂至山麓，以磅礴的气势展示自己博大的胸怀。龙普梯田景观分两部分，东部从高山往南远眺，梯田密布于山岭之间，曲线婀娜，气势磅礴，蔚为壮观。清晨，这里阳光洒满田畴，面、线突出，点缀于田园阡陌间的座座板屋，炊烟袅袅，融入薄薄晨雾之中，营造出一种近处清晰、远处朦胧的意境。

长石梯田：梯田密布，层层相叠，远看似鱼鳞的波纹、静海涟漪；近看阡陌纵横，仰观如登天云梯；俯视如泼墨山水画卷。山之青，峰之黛，烟霭淡淡，峰峦隐隐，丘壑山水，精琢鎏云。云雾和彩霞在梯田上穿梭，阳光和雨露在梯田外徘徊，农民和耕牛在梯田中劳作，庄稼在梯田里更替，山泉在梯田间潺流，梯田就这样在不变的空间变化着永恒的生命，展现着自己最奇丽的壮美。

白水梯田：梯田顺着山势弯曲或凹或凸、或大或小、或长或短、或明或暗，有的如弯月成叠，直至苍穹；有的如长蛇狂奔，满山遍野。一条条蜿蜒的田埂曲折有韵，仿佛在神仙的画笔下隐约而出，绘成变幻的弧线。梯田一年四季有云海相伴，而在云海中时隐时现的梯田、村寨隐约传来牛哞、鸡鸣、狗吠声，和农妇呼儿唤女声、稚童银铃般的欢笑声，更给这些时隐时现的梯田增加了几分神秘。

金龙梯田：来时坳至丫髻寨之间，连续12道山梁，起起伏伏，弯弯曲曲。山梁上层层梯田宛若12条金龙，争相竞越，直蹿山巅。每当下午时分，侧逆光洒在梯田水面上，梯田形态更为清晰，更显得伟岸。傍晚时分无数光柱从红霞中向外倾泻，光芒四射，与梯田融汇成无与伦比的奇观。

（三）梯田四季

气候变更与天气变幻，加上农时动态，使紫鹊界梯田景观四季特色鲜明。登高远眺，紫鹊界梯田阡陌纵横，线条曲折流畅，连绵起伏，流水潺潺，充分展示出梯田的自然美和古朴美，并随四季千变万化，美不胜收。春来，水满田畴，如面面玉镜五彩斑斓；夏至，佳禾吐翠，如排排绿浪，青翠欲滴；金秋，丰收在即，

紫鹊界梯田景观（春季）

紫鹊界梯田景观（夏季）

紫鹊界梯田景观（秋季）

紫鹊界梯田景观（冬季）

像座座金塔遍地澄黄；隆冬，漫山瑞雪，仿佛条条银蛇起舞群山。

（四）云海溪渠

紫鹊界雨水多，湿度大，一年四季可在锡溪河一带形成大片云海。观云海，看日出，更是难得的艺术享受。

紫鹊界溪河景观丰富。境内流往东南的山溪有 20 余条，汇成锡溪注入大洋江进资江；流往西北的山溪 9 条，汇成渠江注入资江。山溪总长达 170 千米。所有山溪时而曲折回环，穿行于绿树翠竹之中，时而高低跌宕，回旋于岩石之隙，飞珠碎玉，变幻无穷。溪河两岸基岩重叠，巨石横斜，山峰挺立，丛林掩映，自然风光秀美。

紫鹊界梯田的自流灌溉系统，加上长期沿袭的精耕细作、蓄水保水和护林管水等传统方式与乡规民约，共同形成了高效的水土资源管理系统，实现了梯田的自流灌溉和水土保持。此外，为了保护田块的蓄水功能，梯田在冬天也水满田畴，防止土层干裂，破坏蓄水保水条件，形成了一道独特的风景。

（五）农业景观

紫鹊界梯田的土地利用以林地和耕地为主，核心区林地 30510 公顷，占 68.3%；耕地 7 564 公顷，占 16.94%，而其中 80.5% 的耕地为水田，梯田又占水田的 87.6%。梯田水稻种植是该地区主要的种植方式，当地的农民在稻田中放养鱼或者鸭子，用以提高经济效益，增加食物的多样性，同时也改善了农田生态环境。同时，农民还在旱地种植多种多样的粮食作物、蔬菜、瓜果、药材等，在提供不同产品的同时，不同植物及其配套物种彼此镶嵌，加上四季变化，仿佛人工彩绘，更加丰富了当地的农田景观。

（六）人文景观

紫鹊界梯田村落的形成与梯田的形成及演变密切相关。分散的民居利于居民就近耕作并方便用水，体现了因地制宜、依山傍水的聚落思想；结构简洁的民居板房与大气磅礴的梯田景观互相映衬，涂成白色的正方块窗格与田园山色相得益彰。

紫鹊界梯田与地势地貌、生态环境、民族建筑的完美结合，创造了独特的融梯田景观、气象景观、民族民居建筑、森林生态景观和丰富多彩的民族风情文化于一体的综合景观，全面展现了人与自然相融合的梯田景观艺术的巧夺天工，是自然景观和人文创造力的完美结合，具有无与伦比的景观艺术价值。

六、突出的农业效益

紫鹊界梯田属南方中低山丘陵稻作梯田区，立体的梯田农业系统不仅满足了当地居民富足的口粮和果蔬等基本食物，还提供了众多的畜禽产品、水产品和林业产品。

（一）农业种植与粮食生产

紫鹊界梯田是当地居民食物与生计安全的土地保障。该地区是一季中稻区，气候湿润，温度适宜，水稻种植一直是该地区的农业重点。除了水稻之外，紫鹊界梯田还生产小麦、玉米、豆类、薯类作物。当地居民就地取材，主食主要以米饭为主，以水稻、玉米和黍为代表的多种多样的农作物的种植保障了当地居民世世代代赖以生活的物质基础。

紫鹊界梯田独具特色的传统水稻是当地发展的基础。这些传统特色水稻种植历史悠久、品质优良、营养丰富、功效独特，除了部分食用之外，大部分被制作成各种酒类或者加工成其他商品进行销售，一方面满足了当地居民的粮食需求，另一方面也提高了当地农民的收入。其中，黑香贡米和红香米是紫鹊界的两大特色优质稻。紫鹊界梯田是典型的一季中稻区，气候独特，年平均气温 15℃，降水量 1640 毫米，无霜期 235 天左右，无水源污染、空气污染、工业及生活污染，是无公害农业生产的基地，特色优质稻种植区域分布在海拔 400~1200 米地区，面积达 2 万余亩。

	遗产地总范围		遗产地核心区	
	面积 / 亩	产量 / 吨	面积 / 亩	产量 / 吨
水稻	821764	386868	55492	26964
小麦	13610	2724	928	185
玉米	255601	85317	16850	6425
其他谷物	1119	1821	531	450
豆类	38496	5409	2939	423
薯类	88854	29161	13648	4429
油料	117975	11626	9695	736
药材	82225	42166	11151	8328
蔬菜	126436	188342	9283	10921
瓜类	21106	72711	428	1226
其他农作物	152529		15875	

黑香贡米是紫鹊界梯田的优质特产，亦称紫鹊界贡米、紫香米、紫鹊界紫香米、紫香繁贡米等，并有"药米""长寿米""黑珍珠"之美誉。黑香贡米是古老的名贵水稻类型，据古农书《齐民要术》记载，北魏时期（公元 386—534 年）即有种植，至今已有1500 年以上栽培历史。据《本草纲目》记载，紫米具有"续筋接骨、疏肝明目"之功效。西汉"丝绸之路"开拓者张骞发现了这种奇米，把它献给汉武帝，汉武帝食后赞曰"神米"，从此其被历朝

历代列为贡品。目前，黑香贡米已经获得了有机产品认证证书和农业部的农产品地理标志登记证书，进一步促进了当地的农业发展，提高了农民收入。黑香贡米的特点是矮秆、耐寒、产量较低，亩产只有 250～300 千克。米粒圆润、黑褐光亮、清香四溢，米饭柔软可口，含有丰富的硒元素，具有良好的滋阴补肾功能。湖南省农业科学院稻米及制品检测中心的分析表明，黑香贡米富含蛋白质、氨基酸、淀粉、粗纤维及铁、钙、锌、硒等微量元素。

黑香贡米最珍贵之处在于它是一种碱性米，全世界只有中国有，中国只有湖南有，湖南只有紫鹊界有，是一种具有诸多营养和保健功效的珍贵稻米，也是湖南唯一一款获得中国农产品地理标志登记保护的产品。据湖南省水稻研究所检测，每百克黑香贡米水溶性灰分碱度为 +0.082 耗酸毫克当量数"，而每百克普通大米则是 −6.37 耗碱毫克当量数，故黑香米贡为弱碱性食品。人体自身存在着三大平衡系统，即体温平衡、营养平衡、酸碱平衡。其中酸碱平衡是指人体体液维持在 pH7.35~7.45，即健康的人体内环境应呈弱碱性，而普通大米呈弱酸性，人们在日常生活中摄入的酸性食物较多，就会使体液酸化，形成酸性体质。世界卫生组织曾经公布的一组数据显示，酸性体质容易引发各种病，黑香贡米的碱性品质能帮助人们在日常生活中控制体内的酸碱度，改善现代人的酸性体质，增强人体的抗癌抗病能力。

红香米是紫鹊界梯田产出的另一种特色稻米。紫鹊界的红香米种植历史悠久，原生态方式种植的高秆红香米有年红、麻谷红两个品种，其特点是高秆、耐寒、抗病性好，但不抗留伏、产量低，亩产只有 200~250 千克，种植区域为海拔 800 米以上高、中山区。红香米米粒椭圆、晶莹剔透、香软可口、胶稠度高，因含丰富的

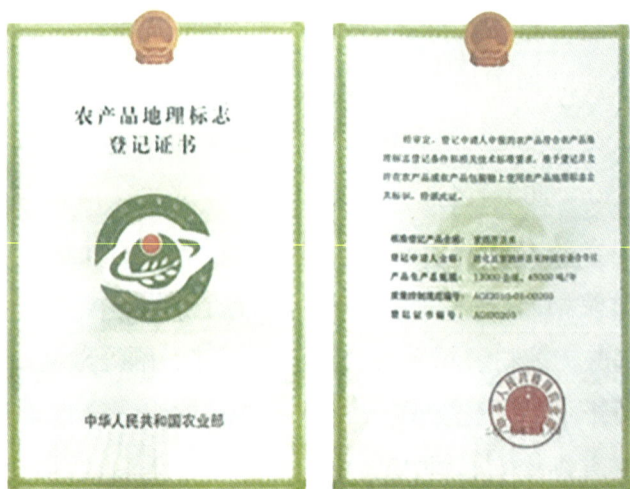

农产品地理标志认证

铁元素而有神奇的补血功能。近年来从全国各地引进的卫红晶晶米、湘晚籼 12 号、红超 30、资丰 1 号等矮秆品种，特点是米粒细长、表皮红亮、晶莹剔透、米饭香甜可口、产量较高，亩产 350 ~ 450 千克。红香米的糙米为赤红色，精米呈淡红色，蒸煮时具有浓郁的芋香味，口感柔软，能增进食欲。经国家权威部门化验，该米富含维生素 E、维生素 C、胡萝卜素、黄酮素、强心苷、亚麻酸、亚油酸、膳食纤维等成分，具有清热润肺、宁心爽神、滋补肾肝的功效。长期食用，对心脑血管病、糖尿病、便秘等有明显改善作用。尤其是习惯性便秘者，只要连续食用 3 ~ 5 天，症状便明显减轻或消失。另外，红香米还具有美容养颜及减肥功效。年老体弱者、手术病人、中老年人、孕产妇、幼儿长期食用，有利于促进身体健康、延年益寿。

（二）养殖

紫鹊界农民除了种植各种粮食作物之外，家家户户都饲养不同数量的家禽家畜，提供的肉类、蛋类和其他相关产品丰富了当地居民的食物种类和营养。

	遗产地总范围		遗产地核心区	
	存栏量	当年出售和自宰	存栏量	当年出售和自宰
猪（万头）	944988	1575337	64373	97402
牛（万头）	206548	83588	13876	7818
羊（万只）	92940	94733	7584	8664
家禽（万羽）	360	574	28	53
肉类总产量(吨)		112252		7315
禽蛋产量（吨）		3245		181

紫鹊界农民在稻田、池塘和河流中人工养殖或者捕猎的鱼类、虾等水生生物也是当地农民重要的食物来源之一，遗产地内的水产品年产量约为 25 000 吨，核心区达 1200 吨左右。

（三）林业产品

紫鹊界森林资源丰富，林地面积约 20 万公顷，有林地 17 万公顷，立木蓄积 700 万立方米，用材林总蓄积量 355 万立方米，其中杉木蓄积 101 万立方米，马尾松蓄积 45 万立方米。经济林以金银花、油茶、杜仲、茶为主，总面积 3443 公顷。楠竹为当地重要森林资源，总种植面积达 3 万公顷，蓄积 6234 万株。这些重要的森林资源为当地居民提供大量的木材、药材、森林食品等。

第三节　遗产标准

符合评选标准第一条：紫鹊界梯田在宋代就已初具规模，距今至少有 1100 年。

符合评选标准第二条：紫鹊界梯田工程灌溉体系拥有堰坝、渠道等工程设施，竹枧等原始的排水设施。

符合评选标准第三条：紫鹊界梯田是区域灌溉农业发展的里程碑。湘中地区是汉、苗、瑶、侗等多民族聚居区，紫鹊界梯田是当地渔猎文明向农业文明发展过程中的产物，通过对高山土地的开发，解决了人口增长和粮食短缺的矛盾，开创了山区稻作农业的先例，保障了文明的发展和民族的交融。

紫鹊界梯田的灌溉系统，以最简易的工程设施、最少的维护管理，实现了有效的自流灌溉与生态保护。这一灌溉系统与森林

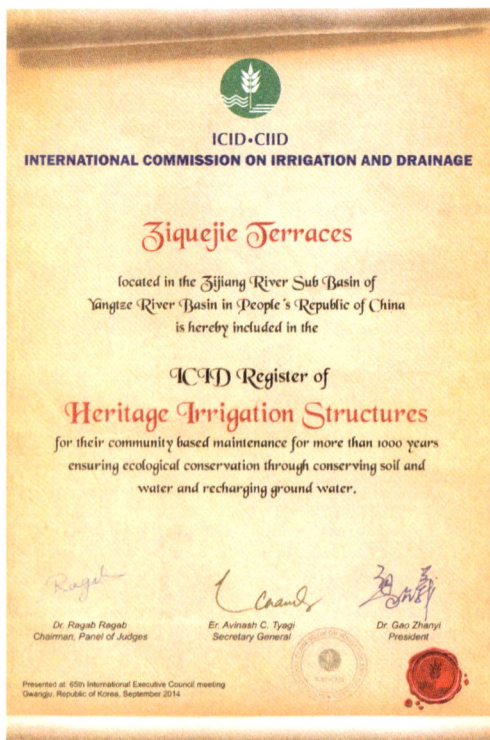

ICID·CIID
INTERNATIONAL COMMISSION ON IRRIGATION AND DRAINAGE

Ziquejie Terraces

located in the Zijiang River Sub Basin of
Yangtze River Basin in People's Republic of China
is hereby included in the

ICID Register of

Heritage Irrigation Structures

for their community based maintenance for more than 1000 years
ensuring ecological conservation through conserving soil and
water and recharging ground water.

Dr. Ragab Ragab
Chairman, Panel of Judges

Er. Avinash C. Tyagi
Secretary General

Dr. Gao Zhanyi
President

Presented at 65th International Executive Council meeting
Gwangju, Republic of Korea, September 2014

世界灌溉工程遗产证书

植被、地形共同组成了特有的生态体系，起到了涵养、调蓄水资源的功能，即使在干旱的年份，也能够提供有效的灌溉。

紫鹊界梯田是宋代以后稻作农业从平原向山区发展的产物，见证了灌溉方式的传播，以及多民族融合、发展的过程。当地的耕作至今保留了当地居民的传统耕作方式，用水管理分配和工程维护以乡村自治管理为主，受用水户共同遵守的乡规民约的约束。

先民利用当地地形地质、水文气象特点，创造了许多当地适用的锄、耙、犁等农具和利用蓄水和防止水土流失的渠系工程和田间工程，科学利用当地水土资源，保护山地优美的自然环境，又解决了居民的生存问题，持续发展数千年，是人与自然和谐共处的典范。

紫鹊界梯田农业、林业和水分配系统相辅相成，共同管理，形成了生产、生活的共同体，包含着本土人民崇尚自然、顺应自然、永续利用的理念，具有区域自然环境的可持续性。

第五章　遗产文化与保护传承

　　紫鹊界梯田是我国古代多民族劳动人民千百年以来共同创造的灌溉工程遗产、农业文化遗产,其遗产系统包括活态性梯田景观、全自流灌溉系统、和谐性聚落体系和山区型传统文化。基于其传统文化所蕴含的人地协同进化的先进理念、丰富多样的文化形态和维系梯田景观及其系统发展的社会功能,保护其梯田区传统农业文化是保护其完整性梯田农业文化遗产系统的关键所在。但是随着社会的发展,这种维系整个梯田农业文化持续发展的传统农业文化在一定程度上受到了城市化和现代化所带来的冲击,甚至出现了某些濒危性现实警示,深入研究紫鹊界梯田传统农业文化与景观保护的关键问题与途径,对于有效推动紫鹊界梯田农业文化与景观保护、促进其基于文化遗产资源的旅游产业化发展和带动社会生态文明建设等均有着重要的现实意义,而准确把握传统农业文化内涵及其系统要素、全面分析梯田区传统农业文化与景观保护的现状及其存在问题、探寻具有针对性和可操作性的其传统农业文化与景观有效保护途径,是紫鹊界梯田区传统农业文化与景观保护的关键任务。

　　紫鹊界梯田位于湖南省娄底市新化县,是典型的稻作梯田系统。当地居民需要的口粮、蔬菜等食物基本来源于梯田系统,来自梯田种养业的收入占农民收入的三分之一左右。"湖南新化紫

鹊界梯田"于 2013 年被农业部列入第一批中国重要农业文化遗产
（China-NIAHS），2014 年被国际灌溉排水委员会列为首批世界
灌溉工程遗产，2016 年被农业部列入中国全球重要农业文化遗产
（GIAHS）预备名单，此外还获得了国家 AAAA 级旅游景区、国
家级风景名胜区、国家自然与文化双遗产、国家水利风景名胜区
等多个资质。

　　紫鹊界梯田与周围的地势地貌、生态环境、民族建筑高度结合，
具有传统风情的干栏式民居与风水林木一道错落有致的点缀在层
层叠叠的梯田之间，构成了融梯田景观、气象景观、传统民居建筑、
森林生态景观于一体的综合景观，令人心驰神往。紫鹊界梯田具
有丰富的生物多样性，以黑香贡米和红香米为代表的水稻品种为
其最具代表性的农作物种质资源。同时，紫鹊界梯田还具有水源
涵养和水土保持等重要的生态服务功能。

　　紫鹊界历史上曾经是一个苗族、瑶族、侗族、汉族多民族融
合的地区，独特的自然条件、丰富的物产、耕作与渔猎相结合的
生产方式和长期的多民族融合等诸多因素，共同造就了以梅山文
化为代表的丰富多样且富有特色的地方传统文化。梅山傩戏、梅
山武术、新化山歌等文化艺术引人入胜，有板屋特色的传统村落
点缀在梯田中间错落有致，水车鱼冻等特色美食让人唇齿留香，
历史上无数文人骚客在此留下了无数的动人篇章。

　　紫鹊界梯田是南方稻作文化与苗瑶山地渔猎文化融化糅合的
历史文化遗存。秦汉时期这里已经有人类居住，宋朝开始有关于
梯田开垦的文字记载。紫鹊界先民因地制宜地开凿梯田，创造了
巧夺天工的自流灌溉系统，并形成了与环境相适应的传统耕作方
式，成为水土保持生态系统工程的典型范例，至今仍能被有效运用，

且能够维持当地居民正常的生产、生活，保障了农业可持续发展，具有重要的推广价值。

第一节　保护意义

紫鹊界梯田是我国古代多民族劳动人民千百年以来共同创造的文化遗产，蕴含了深刻的人地协同进化的先进理念、丰富多样的文化形态和维系梯田景观及其系统发展的社会功能，具有重要的历史意义与现实意义。

一、促进农业融合发展

紫鹊界拥有中国南方独具特色的传统农业生产方式，即梯田水稻种植与山地渔猎相结合的生产方式。这两种生产方式提供了紫鹊界最主要的产品和生活物资，也成为千百年来紫鹊界最具特色的经济活动。紫鹊界悠久的垦殖历史证明梯田稻作文化与山地渔猎文化是紫是田在社会经济发展过程中得以持续和维系的主要原因。紫鹊界梯田是当地渔猎文明向农业文明发展过程中的产物，当地先民们通过对高山土地的开发，解决了人口增长与粮食短缺的矛盾，开创了山区副农业的先例，保障了文明的发展和民族的交融，传承至今。

历史上，我国的很多诗人曾通过他们丰富的作品，生动展现紫鹊界特有的生产方式。例如"人家迤逦见板屋，火耕硗多畲田""白巾裹髻衣错结，野花山果青垂肩"；吴致尧的"衣制斑斓，言语侏离。……刀耕火种，摘山射猎。"；吴居厚的"试问昔日畲粟麦，何如今日种桑麻？"等。从地形地貌特征来看，梅山地区属于"七山一水二分田"。散居于"七山"之上的峒丁、猎户们和"二分田"里的黎民过着渔猎和农耕并存的生活。农业生产上存在两种不同的类型，一种是以水田种植水稻，另一种是以畲田种植旱粮作物。至今，紫鹊界一带居民仍保留有山地渔猎文化的历史痕迹，如民间信仰善于狩猎与捕鱼、会开山辟田的祖师张五郎。

二、促进民族文化融合

紫鹊界梯田的形成与发展过程实际就是苗、瑶、侗、汉等民族相互融合、共同发展的过程。各民族之间通过生产技术、生活方式、文化信仰等层面的交流与融合，达到了在梯田耕作文化上的深层次交流，从而保证了梯田开垦与耕作的持续发展。反过来，多民族的文化交融又给紫鹊界梯田的生产系统带来了发展演化的动力。

根据考证，紫鹊界一带的族群是九黎和三苗的后裔。相传蚩尤后裔、三苗首领善卷，为避舜之锋芒而隐居于武陵（今溆浦县），死后葬插合岭（古梅山腹地，资江河畔，他们是后来被称为长沙蛮、武陵蛮的一部分）。紫鹊界先民还是苗瑶始祖盘瓠的后裔，在梅山师公的科仪本经《元皇金銮九州会兵科》中都有记载。历史上，人们把居住在梅山的瑶、苗、畲、土家诸族，统称为"莫徭"。龙普村的瑶人寨至今仍保留着三处徭人住过的"岩屋"。紫鹊界的先民还是古代的越族。湖南自古为百越所居之地，梅山文化也有着浓郁的越文化色彩。隋唐之交，梅山又迁来了一支以扶姓为主的白虎夷人，是土家族的先祖。

现在，紫鹊界居民以汉族为主。历史上，苗族和瑶族中的一部分在战争中死亡，一部分迁徙他乡，还有一部分与汉人融合。

特别是宋朝以后，政府采用了"凡人籍者，给牛贷种以开垦"的政策，给入户者以水田和旱土，成绩显著者给出仕的机会，许多梅山蛮逐步入籍被同化。

紫鹊界梯田滋养了多个民族在此繁衍生息。尤其是宋朝以来，朝廷开辟梅山，战事连年不断，而紫鹊界梯田却有"天下大乱，此地无忧，天下大旱，此地有收"的景象。这形象地描述了紫鹊界梯田对当时社会经济发展的重要作用。到了清代，紫鹊界的稻米远销山外，黄鸡岭的贡根更是闻名遐迩，紫鹊界成了新化的鱼米之乡、产粮基地。

三、传承和谐持续发展理念

紫鹊界梯田的传统历史文化具有一个鲜明的特色，即从生产方式、民居建造、村落选址、文化信仰，乃至人们的日常生活行为，都自然保持高度的一致。这体现了我国古代文化强调"顺应自然、趋害、人地协调、变废为宝"的传统环境观，蕴含着深厚的生态伦理和丰富的农业智慧，是确保紫鹊界梯田人地和谐的文化动因。

紫鹊界先民在长期的垦殖活动中要面对陡峭的自然地形条件。值得不同于世界上其他地区的梯田，紫鹊界多数梯田的开垦坡度超过公认的25°这一临界值。这种特殊的自然条件迫使人们必须更加注重其生产与生活行为可能引发的不良后果，更加注重保护生态环境。另外，在历史上，中央政权与苗、瑶等少数民族之间曾长期爆发大规模军事冲突，这使得紫鹊界梯田不得不为大量的军队提供所需的物资。凡此种种，都使得紫鹊界的先民必须通过改进耕作方法、改良蓄水保肥的措施、强化水稻种植的生态效益等多种方式来保障梯田生产系统的持续供养能力。例如：沤肥—

修田塍—育秧—栽秧—护水—收割的生产结合自然条件的生态防虫技术等。

综上所述，我们不难发现紫鹊界的传统梯田文化至今仍然向全世界人民展示着她那独特的生态文明魅力，也是当今世界各国发展生态的鲜活榜样。

第二节　紫鹊界梯田传统技艺与文化

紫鹊界梯田的传统技艺主要包括梯田建设维护、水稻和旱作种植、地力维持与病虫害防治等，传统器具也是传统技艺的集中反映。紫鹊界梯田的农业文化内涵十分丰富。

一、梯田建设维护的传统技艺

紫鹊界梯田的土壤属于沙壤土，土壤质地较轻，梯田的修筑较为困难。当地人在修建梯田时，主要采用了循序渐进的修建方法：先在山坡平缓处开挖出缓坡旱地，经过一段时间的耕作，缓坡旱地逐渐变成较平的旱地；再根据当地的灌溉条件，采取措施把旱地改造成台地，并使之不断耕种熟化；最后的台地逐渐改造成水稻梯田。旱地—台地—水田反复翻挖、施肥耕作和逐年熟化的过程，确保了梯田的建造质量，使梯田肥力稳定，保证了田埂坚固耐用不渗漏。

传统的梯田维护技术主要是冬季覆水和春季多次田埂修复模式。一方面每年秋季水稻成熟收获后，当地农民要将稻田灌水浸泡至第二年开春，蓄水 10～20 厘米，清理查找田埂孔隙，进行补漏。另一方面一般都要在秋冬季翻耕板田，春季插秧前还须进行

2~3次犁田、整田。干耕时要求土壤湿度适宜，一般在泥土湿润、水量在土壤最大持水量70%左右时进行。

在整地过程中有一个重要环节（称"糊田腾"），即整理、修复田埂。通常在第一次耕板田时要先清除田埂上的杂草，然后将之撒入田间、翻耕压入土内待其腐烂。到第二次耕田灌水时，采用软泥加厚田埂10厘米左右，待田埂晒干3天后，再次以软化泥浆刮平田基侧面，其主要目的是增加田埂厚度，起到防漏、蓄水，防止梯田垮塌的作用。此外，为了不让鳝鱼、泥鳅打洞钻孔，穿通田埂造成渗漏，夜晚农民会打灯观察。

二、水稻传统种植技术

（一）育秧

优良的种子是育秧的基础，催芽则是育秧的关键。紫鹊界梯田区农民自古以来以箩筐或扮桶催芽，此方法比较简便，易于掌握。催芽时先将扮桶洗干净，打开有孔一端的木塞，稍抬高无孔的一端，以便漏水，然后将浸好的种谷洗净、沥干，倒入扮桶内，装到六成满为止，覆盖稻草，加压砖石，以便保温。根据农民的经验，在种谷胚根未露出以前（俗称破胸）温度宜高，以促进破胸，这是减少哑谷的关键，破胸温度以40℃左右为宜。破胸后，温度稍低，以30~35℃为宜，并注意调节水分和保持良好的氧气供应。当种谷绝大部分破胸出根后，充分翻一次，并加入清水，控制温度在30~35℃之内。经过一夜，再进行第二次翻动。这时芽子已基本催好。芽子的长短要视天气而定，天气好时芽子宜稍长，播后出苗快；天气不好时，芽子宜短，以增强抗寒能力。通常在天气好的情况下，当芽长到3～6毫米，根长也有13~17毫米时，便可播种育秧。秧田主要选择地势当阳向南、背面靠北、土质较轻松肥沃、田面平整、肥力均匀、水源充足、排灌方便的冬闲田。

（二）确定插秧时间

确定插秧时间是传统插秧技术的关键。紫鹊界农民长期实践的经验认为：中稻须在5月立夏到小满的半个月内插完。农谚说"小满日差日芒种时差时"，是说中稻插到小满芒种时，迟一日、一时，都对水稻的生长发育和产量有显著的影响。

（三）田间管理

中耕除草是分蘖期田间管理的一项重要措施。中耕除草既能清杂草，又能减少水分和养分的消耗，改善土壤通气性，使肥料与土融合，提高泥温，有利于肥料的分解，促进新根和分蘖的发生。农谚云："土要过铁板，田要过脚板""禾过三道脚，米粒不缺角""天晴踩田赛下粪，落雨踩田不如困"。

中耕除草一般在返青到拔节前进行。第一次中耕宜早，早中耕有促进早分蘖的作用。一般在插秧后10天左右，秧苗已经转青成活，即可进行。在第一次中耕后，7~10天再中耕第二次，最后一次可在分蘖末期进行，以巩固前期有效分蘖、抑制后期无效分蘖。中耕须在晴天进行，踩田前，田间要放浅水，踩田后再灌几天深水，这样可以淹死杂草。还可以在第二次中耕时撒入少量石灰，中耕过后晒田2~3天，使杂草腐烂。同时每次中耕时还应去除夹蔸稗和不易死亡的杂草。

三、旱地穆子传统种植技术

穆子，古称穄，它还有很多别名，比如龙爪粟、龙爪穄、鸡爪粟、雁爪粟，等等。它是紫鹊界梯田地区特有的旱地种植作物，一年生草本植物。穄子作为一种杂粮，可以做成美味的穄子粑粑、也可熬粥，深受人们喜爱，同时还具有较高的药用价值。其秸秆可编织篮、帽子等饰品，也可作造纸原料。穄子主要种植在海拔高 800 米以上的旱地低，经济价值高，同时对栽培技术的要求较高因而目前只有少数农民种植。穄子的栽培技术主要包括轮作倒茬、精细整地、适时播种和中耕。

穄子

（一）轮作倒茬

穄子栽培的关键是轮作倒茬，农谚有"重茬穄，哭着喊""三年移不如草"，说明穄子忌连作。穄子连作后病虫害严重，杂草猖獗，种过穄子的地肥力消耗较大，土壤易板结，需要轮作倒茬。因此种穄子前茬以豆类、薯类、棉花、玉米、绿肥为最好，而前茬为高粱、荞麦，则植穄子的产量明显较低。

（二）精细整地

穄子籽粒小，整地要求精细，当前茬作物收获后，土壤水分适宜时，要及早浅耕灭茬，进行保墒，以便秋耕。春耕时要完成耙、耢、耕、压等整地作业，为穄子发芽出土、健壮生长提供条件。春播穄子的基肥要结合秋（冬）耕情况施入，如秋末后施肥的，应在春耕时翻下。

（三）适时播种

在紫鹊界，春播穄子宜在谷雨过后进行，每日平均气温稳定在15℃左右、地温稳定在10℃以上时进行播种。夏播穄子以尽早播种为宜。

（四）勤中耕

穄子要求勤中耕，中耕不仅可抗旱保墒，清除杂草，同时还可疏松土壤，使穄子生长健壮，提高穄子质量。穄子地至少应中耕三四次。栽种要注意合理密植，第一次在间苗时浅中耕除草；第二次结合定浅中耕；第三次在拔节后，结合追肥进行深中耕。并培土；第四次在穗期进行浅中耕，除草松土。如遇大雨、穄子根外露时，要及时培土。

四、传统地力维持技术

主要是使用传统的有机肥来养护和维持地力。传统的有机肥沤制主要是将水稻秸秆或山上的茅草放入猪圈或牛栏里面垫底，供家畜睡觉使用。待家畜将垫草充分践踏、粪尿将垫草浸透后，用铁耙将垫草耙出，放入土坪，进行堆积、发酵。紫鹊界地区农民至今仍沿用此法，生产有机肥。

农民多将沤制好的有机肥堆积至稻田的一角，待春耕时再施

入田间。土壤施入有机肥后，土壤有机质增加，可促进土壤微体数量增加，改善土壤的物理性质。有机肥除含氮、钾外，还有较多的有机硅酸与其他微量元素。冷浸田、鸭屎泥田、青夹泥田等常年冷浸田在浸泡以后增施基肥。其主要经验是"粗肥打底，细肥施面"，以利于根系生长。

五、传统病虫害防治技术

（一）惊蛰杀虫

惊蛰时节是春耕的开始，气温回升，经过冬眠的动物开始苏醒，有些害昆虫即将出土并危害农作物。农民为了消除这些害虫，就在每年的惊蛰时节使用石灰水遍洒屋檐、墙角以及田间。这也预示着人畜平安、无病无灾，农作物不受虫害，当年五谷丰登。

（二）生态治虫

紫鹊界地区最为常用的生态治虫技术主要有稻田养鸭、稻田养鱼以及青蛙捕食消灭害虫。稻田养鸭，指在稻田栽水稻后放养一定数量野性强的鸭子，既能捕食稻田害虫的成虫、幼虫和部分菌核菌丝，又能清除水稻的病叶、老叶及稻田杂草，对水稻纹枯病、二化螟、稻纵卷叶螟稻飞虱、稻蝗虫、黏虫等水稻病虫和稻田杂草有很好的控制效果。另外，鸭子的活动还大大改善了稻田土壤的透气性，减轻了有毒物质的危害，促进了水稻根系的生长。稻鱼共养也是一种较为生态的治虫方式，能吃掉落水中的部分害虫。而且，当地禁止捕食青蛙，大量的青蛙捕食了稻飞虱、浮尘子等田间害虫，起到了驱避水稻病虫害的作用，生态效益明显。

（三）自制土农药

新化人除了采用生态技术防治害虫外，还自制了一些土农药来消灭害虫。例如用茶枯（饼）防治秧田红砂泥虫。茶枯主要的杀虫成分是生物碱，有溶血作用，其次是皂素成分，有湿润作用，对害虫有较强的忌避作用。秧田防治红砂泥虫的常见方法是：用茶枯 10～15 千克，加熟石灰 5～10 千克混合，在秧田未播谷种前，均匀撒施于秧田。在谷种下泥后，若再有红砂虫发生，则每亩用茶枯 7.5 千克，加水 75 千克，煮 1 小时冷却过滤后泼洒或喷洒。

新化还用烟草防治水稻螟虫、飞虱、浮尘子。防治稻螟虫主要采用烟熏方法。烟草是一种茄科作物，主要杀虫成分是烟碱（尼古丁）。红花烟的老叶片含碱量最多，一般为 12% 以上，烟碱对害虫有触杀、畏毒及熏蒸作用，药液或蒸汽可伤害虫子的中枢神经而致其麻痹死亡。在螟蛾盛发高峰期或螟卵盛孵前 2～3 天，将烟茎切成 6.6～10 厘米长，插于禾兜旁的泥下面，顶部露出一点在泥上，田中水层保持 33 厘米深左右，一周内不排水。若用烟叶，则把两处烟叶摊开，阴湘搭配，上面沾些米汤，卷成小指粗的长条，切成 3.3 厘米左右的长条插下禾兜旁。

新化农民还会到山上采集黄藤（又叫雷公藤、水莽、断肠草）这种藤本多年生植物。黄藤的杀虫成分主要是类似生物碱的雷公藤碱，对虫有强烈的畏毒和忌避作用，其用法：将黄藤根皮碾成细粉，每亩用 2～2.5 千克与石灰粉 25～30 千克混合均匀撒施，可防治螟虫。制成黄液剂：每亩用黄藤根粉或根皮 150～250 克，加水 75 千克，冷浸 24 小时或加热 30 分钟，滤去渣滓喷雾，可防治负泥虫、螟虫。

闹羊花（又叫老羊花）也是当地农业上选用的土农药。闹羊花的虫有效成分为马醉木素和杜鹃花精，以花部含量最多，根、茎、叶对害虫有触杀、畏毒、熏蒸作用，其制法：将闹羊花的花、茎、叶等原料切碎，每斤加水 2.5~5 千克，熬煮 30~60 分钟，取出药液过滤，加清水喷洒。可以去除稻纵卷叶螟、稻飞虱、浮尘子等害虫。

六、传统农业和水利器具

紫鹊界梯田耕作主要采用人力、畜力、手工工具、铁具等。传统的水田耕作工具主要有犁、铁耙、木耙、剁刀、铁锄头、四齿耙子等；传统的水稻收获工具有镰刀、扮禾桶、箩筐、竹簸等，其中以扮禾桶最为常见：在水稻收获时，先将水稻割倒，晴天晾晒 1~2 天，然后人围站于扮禾桶四周，手持水稻，将稻谷打于扮禾桶。传统的晾晒工具为篾晒席，常搁置于土坪，便于收晒。传统的灌溉工具为龙骨水车，梯田部分地域水分分布不均，大旱之年，人们为了防御旱灾，便使用龙骨水车将水由地势较低区域运输至地势较高区域；传统的粮食加工工具有石磨、餐衣碾谷的礁、石臼、米筛、团箕等；当地还保留有传统的捕鱼篓、斗笠、木水桶、竹筒等。

七、梯田传统农业文化内涵

传统农业文化是产生在传统农业生产方式基础上的观念体系。紫鹊界人民在长期的生息发展中，凭借独特的自然条件和勤劳智慧，创造了人地协同进化、经济与生态价值高度统一的梯田农业生产系统，是农业生产与水土保持有机结合的典范。同时其稻作梯田耕作中沤肥—修田塍—育秧—栽秧—护水—收割等传统方式及其田间管理和病虫害防治等技术，无不体现了先民顺应自然、趋时避害、人地协调、变废为宝的思想观，蕴含着深厚的生态哲学理念、丰富的农业智慧与强大的精神力量，是确保紫鹊界梯田千百年来人地和谐、民族交融、安居乐业的文化动因与精神保障，

人与自然和谐画卷

其中的思想原则和技术取向，充分体现了现代农业的可持续发展理念。

　　传统农业文化包括为了期盼风调雨顺、五谷丰登、六畜兴旺而进行的各种祭祀、崇拜的传统仪式和在此基础上形成的习俗、禁忌等，以及固化为典章制度的农业规定。由于地处雪峰山区和古梅山文化的核心地域，紫鹊界梯田传统文化深受具有多民族交融、稻作文化与渔猎文化结合的梅山传统文化影响，具有特定的山区型文化特征。传承至今的傩戏、傩舞、傩狮、山歌等传统民俗娱乐活动和很多节庆习俗、祭祀、禁忌等都深受渔猎文化特色的古老"巫傩"文化的影响；以紫米、薏米、糁子、醋荞、鱼香叶、浅水田鱼等本地山区物产为主要食材、以山胡椒和鱼香叶为主要调料的酸香型口味饮食文化和以战神蚩尤为膜拜、以铁尺、长板凳、锄头等生产生活用具为主要器械体现抗争外侵、战胜自然的顽强精神的武术之风，都具有着浓厚的地方民俗特色；具有特色的"换工""还工""斟工""打会工""帮工"等传统劳动合作方式，反映出人们解决山地梯田区突出劳工矛盾的适应性选择。此外，

151

宗族祠堂是乡村制度文化的重要载体，明、清以来，紫鹊界及周边地区的名门望族罗、邹、杨、刘等姓氏都先后修建祠堂几十处。至今保存完好的有杨氏宗祠、罗氏的"华仲公祠堂"和"玺公祠"，对于维持有关互助、配水、护林等乡规民约，实现人地和谐与社区秩序等均发挥了重要作用。

山林掩映下的梯田民居

　　传统民居是有一定历史年限的民间房屋建筑群及其周围建筑环境的总和，它承载着一个地区独特的地域文化和民俗文化。民居文化的范畴包括与人们的居住活动有关的村落选址，住宅营建，居住行为习惯以及与之相关的行为方式，价值观念及约定俗成的礼仪等，是当地社会经济、文化和民族心态的综合反映。紫鹊界梯田区村落形成与梯田形成及演变密切相关。分散的民居体现了利于就近耕作和方便生活用水的因地制宜、依山傍水的聚落思想，现在紫鹊界梯田区居民仍在很大程度上保留着先人的聚落选址与房屋建造原则。建筑以简洁、实用、方便为主，体现为适于山区的木结构干栏式风格，部分民居有翘角、门雕、石雕、窗花，绘画等，保留着苗瑶遗风。目前古民居保存较好且集中连片的以楼下村和正龙村为主，以老屋院、月形院、新庄院、杨氏宗祠等民居为典型，具有很高的建筑、美术、民俗及历史方面的价值。结构简洁的梯田民居板房，与大气磅礴的梯田景观互相映衬，涂成白色的正方块窗格与梯田自然田园色彩相得益彰，具有传统风情的干栏式民居依山而建、错落有致，与风水林木一道点缀在层层叠叠的梯田之间，构成了紫鹊界梯田人地和谐的立体性自然与人文景观。

第三节　保护传承工作开展

政府作为农业文化遗产的所有权代表和管理者，在制定农业文化遗产保护政策、经费投入、人员组织等方面有着重要作用。新化县委县政府近年来在国家政策导向下，非常重视紫鹊界梯田区农业文化的挖掘和保护，并在有效保护的基础上，与休闲农业发展有机结合，探索开拓动态传承的途径、方法，具体做了很多工作。

一是建构保护机制，申报世界遗产。新化县委县政府高度重视紫鹊界梯田区农业文化与景观的保护与保护性利用开发，将其作为促进地方发展的重大战略和工作抓手，积极申报各级各类文化遗产保护项目。2006 年成立了副县级风景名胜区管理机构，在紫鹊界景区设置了景区管理办公室，明确规定了其职能范围包括科学研究、科普宣传、遗产地保护和旅游服务，并颁发了《紫鹊界——梅山龙宫风景名胜区保护管理暂行办法》，将梯田、民居纳入到统一的保护和管理范围。2004 年紫鹊界梯田正式进入湖南省申报世界遗产后备名录，2006 年入选首批国家自然与文化双遗产，并列入国家申报世界自然文化遗产预备名录，2013年入选第一批中国重要农业文化遗产，2014年列入首批世界灌溉工程遗产名录；同时，新化山歌2006年入选湖南省首批非物质文化遗产名录，2008年入选国家级第二批非物质文化遗产名录；梅山傩戏2011年入选国家级第三批非物质文化遗产名录；梅山武术2014年入选国家级第四批非物质文化遗产名录；2009年遗产核心区楼下村成为第二批省级历史文化名村。后与其他几处梯田一同申报成为全球重要农业文化遗产。

二是多方争取项目经费，加强抢救保护。新化县委县政府高度重视农业文化与景观的挖掘和保护，政府先后投入逾2亿元开展紫鹊界梯田遗产的各项保护性项目，包括梯田保护与自流灌溉系统修复项目、小流域生态综合治理项目、山歌培训项目、民居风貌建设项目和景区观景台建设项目等，建立了并把抢救保护与开发新化山歌提到"文化旅游活县"的战略高度来抓，2005年初成立了"新化县民间文化遗产抢救工程"领导小组，组建了"民间音乐与民间文学采编小组"，并将新化山歌编成乡土教材试点教学，还组建10支民间山歌队做前期培训工作。举办山歌艺术培训班，充分挖掘水车本地傩戏、武术、草龙舞等民俗文化资源，组建民俗文化表演艺术团，共开展各种民俗文化表演10余场。2013年11月举办了梅山文化旅游资源挖掘整理研讨班，有最大82岁，最小25岁的80多位梅山文化研究爱好者参加。2006年成功举办"中国第四届梅山文化学术研讨会暨首届梅山旅游文化艺术节"后，多年来陆续组织召开了"紫鹊界世界梯田研讨会""大梅山文化旅游协作学术研讨会""北派易学泰斗廖墨香紫鹊界梯田对话"和"紫鹊界梯田遗产保护研讨会"等专题学术研究会议，有效推动了梯田区农业文化遗产的文化挖掘和景观保护。

三是强化宣传活动，打造地域文化标志。组织开展了一系列主题性传统文化艺术活动、传统文化传承活动以及传统文化教育实践活动，并借助各种媒体加大对紫鹊界农业文化的宣传报道，及在紫鹊界景区建设开放紫鹊界梯田农耕文化博物馆等，有效推动了其农业文化传承。为了把新化山歌打造成响亮的旅游文化名片，新化县委县政府投入 15 万元，协调组织了强大的创作与演出阵营，由县文工团创排了大型山歌剧《寻宝》；2011 年 9 月在紫鹊界梯田区举行了首届新化紫鹊界国际稻谷文化节暨梯田户外生活节；2012 年 5 月与中国摄影家协会组织全国千名摄影家云集紫鹊界梯田景区共同举办了 2012 年湖南省首届大梅山旅游文化活动，引来众多媒体报道和国内外众多嘉宾，"蚩尤故里·新化梅山"全国摄影大赛春季采风活动；"紫鹊界杯"电视英语大赛、"神奇大梅山探秘紫鹊界"湖南省电视媒体集中采访等活动相继在紫鹊界景区举行，扩大了景区影响。此外，通过中央电视台第九套纪录片频道《行走的餐桌》栏目推介地方饮食文化和文化景观，并获得"中国梅山文化艺术之乡""中华诗词之乡""全国武术之乡""中国蚩尤故里文化之乡""中国民间文化艺术之乡"等各种文化地域称号。

四是实施动态保护，推动产业发展。新化县非常重视紫鹊界梯田区农业文化与景观的动态保护及其产业化发展，提出以产业带动为主，充分挖掘紫鹊界梯田遗产的景观文化价值，把文化旅游产业发展提升到县委县政府"一号工程"的战略高度，成立了"新化县文化旅游特色产业领导小组"和"新化县文化旅游投资有限公司"，并以梅山龙宫、大熊山国家森林公园、紫鹊界梯田等景区为重点，加强旅游整体宣传促销活动，举办旅游推荐会和旅游节会，不断扩大了紫鹊界梯田的影响力。紫鹊界梯田 2004 年被批准为湖南省级重点风景名胜区，2005 年 12 月被批准为国家级风景名胜区，2007 年，被评选为新潇湘八景景区，2009 年 8 月，被水利部公布为国家水利风景区，2012 年 12 月被批准为国家 AAAA级旅游景区，紫鹊界景区内的下团村、正龙村入选为湖南省特色旅游名村。目前旅游接待呈现良好的增长势头，从 2006 年到 2013年，其年接待游客人数由 13.86 万人次增加到 65.5 万人次，年旅游收入由近亿元增加到 4.41 亿元。同时积极推动有机农业的产业化发展先后促成湖南紫秾特色农林科技开发有限公司，湖南隆平高科种粮专业合作联社紫鹊界分社和湖南紫鹊庄园生态农产品开发有限责任公司为龙头的全县 23 家、紫鹊界 8 家农业企业，取得国家有机、绿色、地理产品三大标志，创立了"紫米贡"品牌，并与湖南蚩尤故里农业科技有限公司合作，采用"公司＋合作社＋基地＋农户"的经营模式，通过国家土地流转产业政策，实施紫鹊界黑米、红米标准化示范基地建设项目，成为国家级有机稻种植示范基地。充分利用了当地的优质稻米、特色稻米及其他传统农产品资源，开展了以生态农产品为主要原料的产品深加工，把农副产品加工提升为主导产业，提高了农产品的附加值。新化县还加强了对传统饮食及其加工制作技艺的保护与传承，建立了专门的队伍，通过入户调查和走访调查等方法，详细了解和记录传统小吃、传统茶饮、传统酒饮、传统菜品的制作方法、过程和配方等，并形成了相应的视频和照片、文字等记录资料。在此基础上，新化县延伸了农业产业链，形成了集生产、经济、生态、文化功能于一体的新型农业，从农业的经济功能逐渐衍生出农业的旅游功能、文化功能和能源功能等。

五是挖掘农业文化内涵，打造多功能农业。为了充分展示遗产地的多元价值，新化县非常重视对紫鹊界农业文化的深度挖掘，提出了以农业文化内涵挖掘为核心，从旅游开发、农产品加工和饮食文化整合等方面打造紫鹊界多功能农业。新化县把文化旅游产业发展提升到县委县政府"一号工程"的战略高度，成立了"新化县文化旅游特色产业领导小组"和"新化县文化旅游投资有限公司"并以梅山龙宫、大熊山国家森林公园、紫鹊界梯田等景区为重点，加强旅游整体宣传促销活动，举办旅游推荐会和旅游节会，不断扩大紫鹊界梯田的影响力。新化县利用梯田传统耕作方式，大力发展有机农业，重点发展优质稻、黑米、紫米等传统粮食作物，保护其他传统品种和特色。

第四节　持续推动保护发展

传统的农业耕作方式，劳动强度大，劳动生产率低，梯田区种植水稻生产成本超过稻谷产品的价值，使得紫鹊界地区一些强壮的劳动力外出务工，部分梯田荒芜，对梯田生态环境的可持续发展，生态系统的稳定构成一定的威胁。其次，人们为了追求粮食产量，大量引进外来水稻品种，传统水稻品种面积减少，品种单一，生物多样性受到挑战。第三，近年来，景区由于自然地质灾害频发，对景区生态环境和景观环境造成一定的破坏，也是生态环境保护一个重要方面。第四，随着对外经济发展，旅游业的兴起和人们生活方式的改变，逐年进入景区游客人数的增加，大量的不易降解的垃圾带入，大量污水的排放，直接破坏了梯田农业生态环境。

水源是梯田存在的必要条件，森林蓄积量和森林成林面积减少，影响森林储水量减少，森林涵养水量少了，就直接影响了梯田的水源衰减。据近40年气象观测数据可知，1979—1989年平均年降水量为1550~1680毫米，最多年份的降水量达1780毫米；1990—2000年平均年降水量为1350~1450毫米，2001—2010年平均降水量1410~1580毫米，2011年以后降水量又有所增加的趋势，受全球气候变暖和森林植被减少的影响，总体来看，紫鹊界近几十年降水量呈减少趋势。紫鹊界梯田区域的山顶分布密布的杉、松树等乔木，郁郁葱葱，20世纪80年代包产到户，被大量砍伐，原有的林地部分被开垦种经济作物金银花等，乔木森林消失，水源林、森林蓄水量减少，导致大气降水量减少。紫鹊界梯田有一套天然的自流灌溉系统，无水库，无水塘，有天然的水资源，拥有一个科学的管水用水系统。近年来，随着人为活动的增加，公路等基础建设等多种原因，使得部分水利灌溉渠道淤塞受阻，无人整理，久而久之，部分灌溉系统功能丧失。针对目前保护中存在的具体问题，提出相关的措施建议。

一、困难与路径

在城市化和工业化快速发展的背景下，受经济效益和生产、生活方式变化的影响，稻作梯田系统的自然生态系统和社会文化系统的存续正面临着许多问题。在梯田景观方面，水源林遭砍伐致使森林水源涵养能力降低，水渠系统因修建公路遭到破坏导致水土流失和滑坡加重。由于气候变化、用水量大等因素的影响，梯田水源不足、田埂崩塌等问题十分严重。村庄改造和建设使传统民居被坚固实用、建造方便的现代建筑所代替。大型挖掘机的使用和旅游开发的影响，新建民居多沿公路建设，无法再体现依山就势、因地制宜的特点。

在梯田生态方面，高产作物品种的引进替代了当地丰富的传统品种，使农作物的遗传多样性和物种多样性减少；农药、化肥的大量使用造成了梯田土质的板结、盐碱化以及农药残留超标，重金属污染导致农田环境质量下降，农产品不安全水平增加；因缺水和水稻种植劳动成本高于旱地，许多农民将稻作改为旱作，导致梯田相关生物多样性减少。

在梯田文化方面，地方方言或民族语言、传统手工艺、地方歌舞、传统风俗习惯、农谚等非物质文化遗产传承遭遇困境；民族服饰和装饰品的穿戴越来越少，民族文化特征日益淡化；青年人多外出务工，农业生产知识和经验面临失传，传统文化的传承机制正在慢慢消失；过度商业化的旅游发展模式，一味迎合游客的需要，造成传统文化失真，同时因传统村寨的生活成本上升或居住环境恶化，使村民搬离村寨。

出现上述问题的原因是多方面的，有自然条件的改变，但更多的则是人为因素的影响。一是梯田地区交通状况的改善、科技文化知识水平的提高，曾经赖以生存的传统文化体系正在瓦解，对梯田系统的热爱、崇拜和敬畏之情淡化，传统文化对人们行为的约束力在减弱；二是市场化的时代背景下，人们就业渠道增加，再加上梯田地区传统的农业生产比较效益低，导致许多农民放弃传统经营方式或外出务工不再从事农业；三是市场需求和经济发展的驱动下，砍伐保水林种改种经济林种，使梯田自然环境的稳定性遭到破坏；四是不科学的旅游发展模式，改变了传统的景观结构，对传统文化造成了冲击。

近年来，由于紫鹊界梯田核心区人口增加、资源过度使用，许多自然景观和人文景观正面临着退化甚至消失的危险，梯田旱化现象严重。据水利部门的初步估计，2014年紫鹊界梯田核心区旱化面积已达106.67公顷，其保护和开发的可持续性受到前所未有的威胁和挑战。

要以产业发展推动梯田保护及文化传承。无论是梯田景观，还是梯田生态，亦或是梯田文化，其赖以生存的基础是梯田农业生产以及以梯田自然和人文为基础的相关产业的发展。因此通过产业发展促进梯田保护，就成为首要选择。一是旅游业发展。利用梯田的自然资源与环境优势，发展生态旅游业，使农民获得自身发展的同时达到梯田的生态环境保护的目的，利用梯田地区的民俗文化和农业生产过程，发展民俗旅游和休闲农业；利用梯田美景开发梯田观光摄影与写生旅游；利用梯田传统农业的生产流程，发展参与茶叶采摘和加工、捉泥鳅、抓鱼、摸田螺、酿米酒等农事活动的体验旅游和养生旅游；利用梯田山区环境，开发户外运动旅游；利用梯田农业文化遗产的历史文化、生态环境、农业生产等多方面优势，建立科研、科普、宣传、教育基地，开展专题旅游。通过多种形式的旅游发展，可以有效提高当地农民的文化自豪感和文化自觉意识。从整体保护角度出发，逐渐把当地民族文化这一"活态遗产"与梯田、村寨作为一个整体，建立生态博物馆的旅游开发模式，无疑是一种有效的产业促进保护方式。二是利用特色生物资源和环境优势，发展高品质特色农业。例如发展梯田红米、紫米、糯米、鱼、鸭、蛋等梯田特色农产品，利用梯田良好的生态环境发展绿色或有机农产品，利用世界遗产、农业文化遗产等多种品牌包含的传统文化、传统耕作方式、传统农作物品种和生态农业的元素，提高梯田产品的价格发展复合型生态农业模式，如稻—鱼—鸭、稻—螺、稻—泥（江）鳅等，提高农田的生产效率与效益。

要以制度建设促进梯田保护及文化传承。一是健全梯田系统监管制度。紫鹊界梯田作为世界灌溉工程遗产、全球重要农业文化遗产，保护梯田系统成为地方政府的重要工作内容和责任义务，从制度和法律上制止和约束破坏梯田的行为是最有效的方式之一。例如，当地政府及时制定并发布适合当地的、操作性强的管理规章制度，使梯田遗产保护管理法制化，根据梯田景观的旅游承载力制定限制游客数量的制度；通过制定相关地方法律法规保护梯田区原生林，控制经济林木栽种范围保护梯田系统的稳定性。二是建立传统文化传承机制。通过建立民间组织监督和指导梯田地区旅游业对文化资源的利用和管理，防止出现文化滥用现象。构建以文化产业化为主导的文化传承模式，如政府通过制定保护法规、提供保护资源和参与民族民间文化活动等文化传承模式；通过开展各种传统文化的宣传和展示工作，提高民众的文化认知来传承传统文化。三是建立合理的利益分配和补偿机制。梯田保护需要多方共同参与实施，因此，必须建立生态与文化保护的补偿机制，让社区居民共享保护和发展带来的利益，使企业、居民和政府形成合力，共同保护梯田系统。利益分享机制的构建有多种方式，如通过对农户受偿意愿调查以及政府对补偿资金的投入产出分析，制定农药化肥减量使用条件下的稻田生态补偿标准，鼓励农民发展生态农业并享受其带来的利益；通过对比梯田地区与平原地区水稻种植的投入产出差异，确定有机转换期水稻的政府价格补偿，以价格补偿的方式降低有机生产的风险，鼓励农民进

行有机生产。

要以科技支撑促进梯田保护及文化传承。稻作梯田系统是可持续的农业生产系统，通过严谨的科学研究，有助于提高保护与管理的水平。有研究者提出建立一支多学科参与的研究队伍，长期研究稻作梯田自然—社会—经济系统，来保障梯田保护和发展措施的科学性。如让景观生态学研究者开展林—寨—田结构及比例的研究，用研究成果指导梯田文化景观的用地构成和比例的规划；让民族生态学、人类学等深入研究哈尼文化，弘扬其优良传统，摒弃不良传统，使文化得以传承和优化。

二、当前问题

对紫鹊界梯田区农业文化与景观保护的现状调查显示，虽然近年来取得了很大进展，但根据世界灌溉工程遗存及农业文化遗产保护的"真实性与完整性"原则和农业文化的活态性、生态系统的稳定性、综合价值功能的持续性等遗产保护目标，还存在着许多现实矛盾，造成农业文化遗产保护的力度不够、效果不佳及其破坏现象尚存。梯田的土壤系沙壤土，保水能力差，需要经常有水分涵养，较多的田埂没有得到及时维护修理，致使田坝就自然垮塌，生态环境被破坏。部分低山地区的岩石经长期的剥蚀、侵蚀、风化后，遇到暴雨及山洪时，容易形成滑坡和崩塌等地质灾害，也是破坏生态景观的一个重要原因。紫鹊界梯田区的农田环境质量不断恶化，土壤肥力下降，耕作层变浅，其主要原因为：一是化肥施用过多，土壤酸化加剧。农村劳动力缺乏，有机肥使用较少，20世纪70年代，当地农民基本不使用化肥，20世纪80年代后化肥使用量逐年增加，而农家肥使用逐年减少。2008年水稻土 pH 值 5.05，比 1980 年的 5.81 降低 0.76，呈明显的酸化趋势，耕地板结加剧，耕性变差。传统耕作技术不断丢失，随着农村经济的转轨，土壤耕作以畜力为主的精耕细作的传统耕作制度发生了很大变化，以畜力为主的田间作业面积范围大幅度减少。据调查，龙普村 2004 年 183 户养耕牛 185 头，到 2014 年全村 210 户仅喂养耕牛 20 头，通常每头耕牛所产生的农家肥可施用 2 亩田，人力和畜力的减少，梯田的耕作层变浅，土壤容重增加，土壤容肥、纳水能力降低，这也是农田环境质量恶化的一个重要原因。核心景区旅游发展过快，人口猛增，自紫鹊界梯田风景区 2008 年对外开放以来，涌入了大量流动游客，旅游旺季每天多达 5 万多人，梯田人山人海，拥挤不堪，生活污水。废弃物大量增多，对农田生态环境质量的恶化又增添新的威胁。某些农业文化遗产资源呈现濒危状态，其中的关键问题主要如下：

一是对保护客体的系统性认识不足。目前紫鹊界梯田区的农业文化与景观保护实践是以政府为主体，政府各级相关管理人员对农业文化遗产的深刻理解及其系统价值的全面认识是确保其有效保护的关键之一。梯田景观的核心文化价值体现了天人合一的可持续发展理念，梯田因人的农耕活动而成为"活田"，人与梯田共同构成和谐景观，保护梯田景观，必须连同与梯田密切相关的"人"及其生活方式一起保护。对梯田进行保护性旅游开发，根本上是要通过旅游发展，更好地保护其系统价值和系统景观。虽然当地政府对紫鹊界梯田遗产保护及其旅游开发取得了不断发展，但在短期经济利益或政绩目标驱动下，在现实的保护过程中，往往比较重视梯田表面形态的保护，而忽视其内在功能的保护；比较重视单一梯田景观的保护，而忽视林—田—水—人—屋等整体景观的保护；比较重视物质性景观的保护，而忽视非物质文化的保护；比较重视保护性开发中的"旅游"，而忽视"保护"本身。在一定程度上导致了梯田旱化荒芜、只见梯田不见农耕、文化底蕴深而资源开发单一等现象。景区内农民任意修建违章建筑，不同程度地破坏了景观的和谐性，为了梯田景观政府组织大面积村民搬迁，破坏了景观的完整性和活态性。除了梯田，这里富有特色的古风民俗保留不多，历史人文景点很少，游客除了观光，缺乏对传统农业智慧及其先进理念和丰富民间文化的深刻体验，具有文化多样性保护价值的当地傩头狮子舞和高腔山歌已经濒临灭绝。

二是保护主体的结构性整体功能发挥不够。从理论上说，紫鹊界梯田区农业文化与景观保护的主体应该包括政府、社会组织和梯田区村民等三个部分。其中，政府在制定保护政策、经费投入、人员组织等方面具有不可替代的作用；村民不仅本身就是梯田景观的活态因子，而且作为其农业文化传承人，也是其重要的保护者；从事相关理论研究和社会实践的文化企事业单位和社会团体等社会组织拥有保护农业文化遗产的专业知识、技能、资金与社会影响力，是其农业文化遗产保护的重要力量，只有构建起以政府为主导，社会和村民共同参与的保护共同体，才能实现其系统有效的保护。但是，目前紫鹊界梯田农业文化与景观保护的共同体尚未形成，保护主体的结构性功能整体发挥不够。虽然当地政府的保护意识很强，并在其保护实践中发挥了较好的主体作用，但是对紫鹊界梯田保护的理论研究落后于实践，一方面系统性研究不够深入，另一方面面向领域与对象的多学科融合研究较少，更没有有效实现其研究成果对保护机制的转化和对保护性发展的推动，除了景区观光旅游，其他农业文化产品与产业转化水平较低，投资较少，规模不大，其农业文化与景观保护的社会力量远没有发挥。尤其是遗产地村民的主体作用发挥非常有限，虽然调查显示目前村民对农业文化遗产保护的积极性普遍较高，但现实中由于大量年轻劳动力外出，留守的老人妇女儿童即使愿意也难以担负起保护的重任，传统农业技术、精耕细作方式、乡规民约和传统民俗逐渐淡化，极大地危及到其农业文化传承的持续性。

三是保护管理体制机制依然不够完善。作为一种综合性、活态化的农业文化与景观，其保护和管理涉及的职能管理部门很多，从职能上看，包括文化、文物、建设、档案、旅游、农林、水利等多部门；从层级上看，涉及国家、省、市、县、乡镇等各层次。在管理上，往往存在不同部门之间的职能重叠，管理规则和标准不同，不同层次之间管理目标和要求有别，这使得各部门之间容易产生利益冲突和相互牵制，也会出现文化挖掘与资源利用之间的脱节，如果缺乏一个协调和执行力强的专门管理机构和具有统一目标与行为约束力的总体战略规划以及一系列能协调各保护主体利益、调动各方保护力量的保护性政策机制，就很难保障其农业文化与景观的有效保护。目前虽然新化县已专门建立了紫鹊界梯田梅山龙宫风景名胜区管理处及其所辖的紫鹊界景区管理中心，但其风景名胜区管理处并非常设独立管理协调机构，真正负责紫鹊界梯田农业文化与景观保护富有直接管理职能的紫鹊界景区管理中心，因缺乏足够的决策权、协调力和经费保障，常常在协调保护与发展关系和不同利益主体矛盾方面显得无能为力，加上体制内的各级决策与管理人员，因缺乏系统研究与培训，不能真正理解和履行其全面管理职能，以致影响决策的科学性和监管的有

效性。同时，紫鹊界梯田区目前还没有制定出一个完整而具有共同约束力的遗产保护总体规划，也还没有形成体现联动管理机制、宣传培训机制、生态补偿机制、村民参与机制和利益分享机制等有效保护的完整政策体系，未能形成有效保护的行为共同体。如虽 2010 年 1 月 1 日《湖南省紫鹊界梯田梅山龙宫风景名胜区保护条例》正式颁布施行之后，景区内违法砍伐、烧荒、失火和林地改造等事件仍时有发生，2010 年紫鹊界核心景区失火面积达 200多亩；虽政府出台了《水车镇及紫鹊界梯田风景名胜区建房联审规定》，但景区内擅自建房，破坏景观和谐的事件仍屡禁不止；虽然在文化部门和民间团体组织下，相关学者出版了《娄底民间故事集》《湘中揽胜续集》《梅山蚩尤》和《湘中民间故事》等大量民间文化挖掘与研究著作，景区文化资源转化与利用的收效却甚微；虽因开展梯田遗产旅游，政府对农民房屋改建装修、生产生活方式改变进行了一些限制，但并没有对此进行补偿，村民未能普遍从参与农业文化与景观保护和利用中获益，在其主体利益驱动下难以形成持续的保护积极性和参与性。

三、对策建议

梯田是紫鹊界景观特色的一个主要支撑点，是景区的核心部分。紫鹊界梯田农业生态系统保护的关键是要建立和恢复农业生态系统的生物多样性和良性循环，以维持农业的可持续发展。梯田耕作是一种重要的农业形式，是农业生态系统中的一个中心环节，几千年来，依靠梯田农业生产养活了紫鹊界的人们，不仅为人类提供了各种食物和原材料，而且蕴含了巨大农业生态价值和传统文化价值。因而紫鹊界梯田的农业生态保护就成为紫鹊界景区生存发展的重要任务。在此基础上，推行电、液化气等清洁能源，减少对森林的砍伐，创造优美的环境，促进旅游业的发展。通过多个方式加强对农民环境保护宣传和培训，提高农民对梯田农业生态环境保护的意识。投入资金，加大对传统农业耕作技术和生态文化的保护、传承，是防止梯田传统农业文化消亡的一个重要途径。针对紫鹊界梯田灌溉农业文化与景观价值体系及其保护现状，考虑构建灌溉农业文化与景观保护的政府—社会—村民共同体目标，分别从强化政府、社会和村民等三个保护主体作用的途径，提出以下具体保护建议：

一要强化政府保护途径。围绕形成有效管理机制，建议开展以下工作：（1）建立一个由各部门参与、协同管理、综合决策的遗产保护领导小组，强化执行管理机构基于责权统一的保护管理职能；（2）尽快组织编制紫鹊界梯田遗产保护规划，科学确定其保护范围及其内容、目标体系和保护发展步骤；（3）制定并完善保护性管理制度与政策，包括联动管理机制、宣传培训机制、项目管理机制、相关者利益协调机制、生态补偿政策、招商引资政策等；（4）组织开展干部培训，提高干部的农业文化与景观保护意识及其管理能力；（5）组织设立或争取文化与景观保护项目及其经费，包括梯田遗产核心区民俗文化挖掘与抢救项目、传统民居与聚落景观以及历史古迹修复项目、专题研究项目、文化展呈项目、宣传培训与技术传习项目、遗产申报项目等；

二要强化社会保护与传承途径。围绕形成社会支持网络，建议开展以下工作：（1）鼓励文化艺术事业单位、科研院所、各种遗产保护领域的民间组织、媒体等多元实体和社会公众积极参与，构建农业文化遗产保护共同体；（2）支持推动多学科交叉、多角度分析、多方法并用的基于紫鹊界梯田遗产保护的多学科融合研究，组织一批针对紫鹊界梯田遗产深入研究的系列专题论文；（3）依靠科学建立适应性管理政策，推动文化产业化与旅游产业化发展，促进其农业文化与景观的动态保护；（4）梯田遗产核心区民俗文化挖掘与抢救项目、传统民居与聚落景观以及历史古迹修复项目、专题研究项目、文化展呈项目、宣传培训与技术传习项目对现有农耕文化博物馆进行提质升级，打造一个利用数字化与多媒体技术全面展呈紫鹊界梯田区传统农业文化与景观系统的多功能农耕文化体验馆；（5）组织挖掘收集整理一套紫鹊界梯田区传统农业文化读本，并开发制作出版一批以紫鹊界梯田区民间文学为题材的动漫作品软件；（6）开发一个网络环境下基于云服务平台的紫鹊界梯田遗产数字化传承展呈系统，并实现线上开放运行；（7）与湖南卫视"天天向上"节目组，"中华礼仪之美"专栏联合策划宣传紫鹊界梯田区农业文化中的系列传统礼仪；（8）与各媒体、社团组织和专业学会联合举办各类大型节庆活动和研讨大会。

三要强化村民保护与传承途径。围绕提高保护传承意识与能力，建议开展以下工作：（1）建构梯田区农业文化与景观保护的社区化合作管理模式，强化其传统农业制度，修复与传承宗祠建筑与宗族文化；（2）建立村民对其农业文化与景观保护传承与相关企业之间的惠益共享和产业反哺机制，提高其参与保护传承的积极性；（3）编制紫鹊界梯田农业文化与景观保护与传承手册，全面普及其文化知识，提升其文化自觉能力；（4）与村办小学等农村教育单位合作，实施针对农村成年居民的思想意识干预，开办乡村社区成人学校，传习其传统农业知识与先进农业技术，提高传承能力和发展能力；（5）组织专门班子，挖掘、整理和传授其传统民俗文化，开设各类民俗文化传习班，提高村民对传统农业文化保护传承参与度。

附 录

新化历史大事记

（前 221—1949 年）

秦始皇二十六年（公元前221年）

废除分封制，置郡县。新化境地属长沙郡。

西汉高祖五年（公元前202年）

徙封吴芮为长沙王，置长沙王国。新化境地属长沙王国益阳县。

三国吴宝鼎元年（公元266年）

境西南部置高平县，治所石脚村（今属隆回县），隶昭陵郡。

晋太康元年（公元280年）

改高平为南高平，旋复故。境地属邵陵。

隋开皇九年（公元589年）

平陈，省高平县。境地分属邵阳县、益阳县。

唐贞观元年（公元627年）

分全国为十道。境地属江南道邵州邵阳郡。

大中十年（公元856年）

境内西部山区绿茶渠江薄片，誉称国内名茶，杨晔《膳夫经手录》有记。

光启二年（公元886年）

石门峒酋向瑰聚众约梅山十峒峒民断邵州道，境地大部分为

土酋所据。地属潭州益阳县和邵州邵阳县。

五代后梁贞明四年（公元918年）

梅山峒民攻邵州，被守将樊须击败。

后唐天成二年（公元927年）

马殷据长沙称楚国。境地属邵州邵阳县。

后唐天成四年（公元929年）

梅山峒民攻邵州，楚王马殷派江华指挥使王全攻入梅山，王全败死司徒岭。

后汉乾祐三年（公元950年）

梅山峒民从朗州节度使马希萼攻入潭州（长沙），驻城三日，尽取州库财宝归。

北宋开宝八年（公元975年）

宋将石曦攻入梅山，捣毁板、仓诸峒，俘馘（割左耳）峒民数千人（板、仓即今县西南石板山、苍溪山一带）。

太平兴国二年（公元977年）

秋，梅山峒左甲首领扶汉阳、右甲首领顿汉凌率峒民起事，朝廷派潭州及邻近诸州屯兵镇压，扶汉阳阵亡。俘擒峒民二万人，"取利剑二百斩之，余五千遣归"。

熙宁五年（公元1072年）

朝廷委中书检正章惇、湖南转运副使蔡煜（烨）"共谋诏纳梅山"。十月，"檄入蛮境，蛮民大欢，争辟道路以待，遂得其地。"以上梅山置新化县，谓"王化之一新也"，隶邵州。梅山峒民自此归服。建县学学宫，址县署西南隅。县城建承熙寺（今城关三校右）。寺内有樟树三株，传为建寺时植，民国时尚存一株，今无存。

绍圣三年（公元1096年）

县北石马二都（今鹅溪乡地）刘允迪首中进士。后为避"峒獠乱"，迁安化县定居。

靖康元年（公元1126年）

金兵逼近宋都汴京（今开封），县民荷戈裹粮拥知县杨勋北上"勤王"，至襄阳，勋病死军中，县民扶棺归葬石马三都（今何思乡）。

南宋景定元年（公元1260年）

县乌石芦茅江开始采煤。

景炎二年（公元1277年）

三月，县人张虎、周龙起兵抗元，民纷应之，先后收复新化、安化、益阳、宁乡诸县。元湖广行省平章阿里海牙派萨里蛮率兵镇压。元世祖至元十八年（公元1281年），义军与元军激战后，张虎、周龙被俘遇害。

元至元十六年（公元1279年）

建置改制，新化县属湖广行省宝庆路。

至正元年（公元1341年）

新化达鲁花赤（掌印官）弥尔在县劝民课农桑。

至正二十四年（公元1364年）

朱元璋部指挥使胡海、指挥同知贺兴隆筑县城土墙。明正德十四年（公元1519年）改建为石城，城周长4里，高1.8丈。

明洪武元年（公元1368年）

路改为府，新化县隶属宝庆府。

洪武三年（公元1370年）

县城设惠民药局于县西街玉虚宫左，知县带管。

洪武六年（公元1373年）

城东临江设水驿，上应宝庆、下接湘乡，为京都通滇黔驿站，置驿丞1人。明正统六年（公元1441年）裁。建苏溪巡检司（今琅塘苏溪），管边地巡缉。

洪武十一年（公元1378年）

县署右建督粮厅。

洪武十四年（公元1381年）

朝廷调整建置。新化县置太阳、石马、永宁3乡辖21里。县域面积约5100平方公里。

洪武十五年（公元1382年）

县丞徐照在县署西南城隍庙左建养济院，额养孤贫32名，每人日供米1升。县沙塘湾（今属冷水江市）设煤炭运输码头。

洪武二十四年（公元1391年）

县交贡茶18斤，占全省贡茶12%。

洪武二十七年（公元1394年）

工部派王理至县查勘督修县南太阳七都（今洋溪）水利工程横港陂，史载"灌田三千亩"。

洪武三十年（公元1397年）

知县肖歧在县内建茶园3处，教民种茶以充贡赋。又于诸乡置园17处，遍植桑、麻、棕、桐及漆、枣、腊等林果木，民获其利。

永乐元年（公元1403年）

知县马文炯在县城东大街北建预备仓，储谷备赈。[清同治《新化县志·食货》记为洪武二十三年（公元1390年）有误]。成化七年（公元1470年）迁于城隍庙右。万历十五年（公元1587年）知县姚九功建官厅3间、左右仓厫22间。

景泰元年（公元1450年）

五开、铜鼓苗人由武冈下隆回攻入新化奉家、鹅塘等地，官署皆被焚毁（据清道光《宝庆府志》）。

成化十六年（公元1480年）

知县傅轸在西大街原县学旧址建濂溪书院（清《同治新化县志》卷十）。

成化二十年（公元1484年）

县学训导蒋瑛，纂修新化县志，是为新化县修志之始。

弘治九年（公元1496年）

县内苦竹、苗竹开花结实，采之可食。

正德三年（公元1508年）

旱灾严重。县民多以草根树皮充食。

嘉靖七年（公元1528年）

二月二十二日夜，县西北地震，声如雷，屋瓦震动，鸡犬鸣吠。八月二十四晚，复震如前。

嘉靖九年（公元1530年）

县人邹学、曾廷爵等为首在县西南古塘募捐修建官渡桥（今古塘桥），石墩梁十拱，为县内修建最早的石拱长桥。

嘉靖十年（公元1531年）

满竹村建青云庵，为县内名寺之一。清道光十六年（公元1836年）重建。1966年秋拆毁。

嘉靖十五年（公元1536年）

县西元溪（今双林、上团、奉家地）饥民聚集，多年活动于宁乡、安化、溆浦等县。首领李再昊被新化知县利宾诱擒，余众仍活动于附近县乡。

嘉靖二十年（公元1541年）

锡矿山陶塘谭家冲发现锑矿，民以为锡，此地即称锡矿山。

嘉靖二十二年（公元1543年）

在苏溪巡检司左置茶税官厅，统收茶税，岁取茶课银3000两。

嘉靖二十五年（公元1546年）

县署将原濂溪书院址拨给布政分司，新建文昌书院，院址南门外崇阳观（今上梅中学），仍祀"濂溪先生"（周敦颐）像于其中。

嘉靖二十八年（公元1549年）

县人刘轩独纂新化县志成。

万历元年（公元1573年）

县西南建广济坝（今槎溪乡境），后经3次扩建，旧志称灌田3800亩。

万历十一年（公元1583年）

县西元溪饥民首领李延禄（据传系李再昊之子），被知县姚九功诱杀，"余众尽徙于别里"。元溪事至此息。

万历十七年（公元1589年）

知县林培建社仓储谷备荒。有考者为常福、洋溪、白溪、灵真、龙溪五所。同期倡建社学2所，乡学8所，分为21处。全县21里，均置乡学，方便民间子弟入学。

崇祯四年（公元1631年）

七月十一日夜，地震，房屋倾倒。少顷，复震。次年正月，又震。

崇祯十六年（公元1643年）

冬，明副将张先璧，率兵数万自安化数次出入县境，沿途纵兵劫掠。时值大雪，县民四处躲藏，多冻饿死。知县谢翰臣组团练抵御。

清顺治四年（公元1647年）

清兵取湘阴。南明总兵王进才、王永成（均原李自成义军将领，顺治二年降明，南明封授总兵职）率部数千人自宁乡进入县境，大肆劫掠。次年，南明袁宗第、刘体纯部（亦起义军降明将领）亦入县境，兵如蜂拥，杀掳甚惨。

顺治六年（公元1649年）

三月，明将万才部数万人进入县境石马三都、陂头、桃溪等地，民避入洞者，以招安之名诱杀。该部又在横阳山计杀明参将刘明岳，掳刘部属千余人至谢家湾杀之。

顺治八年（公元1651年）

县麻溪渡口（今属冷水江市）始造渡船。

顺治十六年（公元1659年）

知县于肖龙在县城西街玉虚宫右原按察分司址办于氏义学。

康熙三年（公元1664年）

湖广行省分置湖南、湖北两省，新化属湖南省宝庆府

康熙四年（公元1665年）

县城西南隅原城隍庙东（今县委机关）建梅溪书院。乾隆四十年（公元1775年）改建为正谊书院。道光二十七年（公元1847年），正谊书院迁于承熙寺（今城关第三小学）右侧，易名为资江书院，院长曾宣旬。

康熙六年（公元1667年）

四月，县民食盐由粤盐改淮盐，价低质优，民商均欢。

康熙二十一年（公元1682年）

知县王国玉"自捐私俸"纂修县志成。前知县于肖龙在康熙朝曾两次修县志，故王志称"康熙后志"。

175

康熙二十四年（公元1685年）

县潘桥陡山岩（今属冷水江市）、浪丝滩、周台山等处开始采煤炼铁，远销外地。

康熙四十四年（公元1705年）

县城西街玉虚宫左建育婴堂，收养贫户女婴。

康熙四十九年（公元1710年）

三月十八日下午，县内地震，河塘水起，民居多倒塌。

康熙五十二年（公元1713年）

清廷通告，以康熙五十年（公元1711）丁册为常额，以后增生人丁，永不加赋。

雍正二年（公元1724年）

全县田赋实行"摊丁入地"，赋银由土地所有者承担。新化县额定岁入税银19054两。

雍正三年（公元1725年）

县南城门外西石桥设普济堂，置医施药，为民众治病。

乾隆十二年（公元1747年）

县东北油溪桥建成。该桥单孔跨径28米，桥面长53米、宽8米、高22米，全用料石砌成。同治十年（公元1871年）维修。1979年，桥面铺砂加固，为新化—安化公路桥。

乾隆十三年（公元1748年）

六月初七日，太平铺破石冲山洪暴发，澧溪水溢，毁民房43间，死5人。

乾隆二十一年（公元1756年）

县城及洋溪、白溪、澧溪、苏溪配置消防救火人员及水桶、沙袋等灭火器具。

乾隆五十年（公元1785年）

县西南洋溪建回澜公所。至光绪十二年（公元1886）改建为文昌阁。新中国建立后，列为县级文物保护单位。

嘉庆四年（公元1799年）

洋溪船民杨海龙对"三叉子"木船进行改造，首创毛板船，运煤外销，新化毛板船自此始。

嘉庆十六年（公元1811年）

湘乡人朱吉发在县城建店，经营绸缎、布匹、百货，为境内最早的百货商店。民国元年（公元1912年），该店举行建店一百周年纪念活动。

嘉庆二十五年（公元1820年）

湖南藩宪左辅以开办铁厂，为利无多，且"奸民混杂，恐有疏虞"，饬令封禁，县人李名扬等开办的周家溪、石矾头、金家溪等处铁厂被封，县内土铁生产自此停滞。

道光七年（公元1827年）

县城傅仁昌药店开业，为县内最早的民营国药店。

道光十二年（公元1832年）

春，县内大荒，饥民被迫群起"劫仓"，一日数十起，知县衙门派丁捕数百人。是年，县人袁禹安等7人协力续修北塔，至道光十四年（公元1834年）冬塔成，全塔七层，高42米，知县林联桂书"北门锁钥"门匾。北塔始建于嘉庆十二年（公元1807年）几经周折，历二十八载始竣工。

道光十六年（公元1836年）

县城湘乡、江西籍商人，为保护同乡、同业经商利益，分别建立湘乡会馆（在毕家巷）、江西会馆（在大码头），为县内最早的2家商业行会。

道光二十年（公元1840年）

县城南门大火，延烧民房数百家，水晶阁被烧毁。

道光二十三年（公元1843年）

五月，新化大雨雹，折树损麦。是年，著名学者邓显鹤辑《沅湘耆旧集》（200卷）完稿刊印。是书上起明初，下迄清道光年间，共收集省内1699位诗作者诗歌15681首。

道光二十五年（公元1845年）

县人邹汉勋参与编纂《宝庆府志》，首创以经纬度制地图之法。

道光二十六年（公元1846年）

禾青乡段太同与彭祝华（三尖峰人）在七里江创办协华锅厂，兼营采矿、炼铁、铸锅，为县内最早铸锅厂。光绪八年（公元1882年）停办。知县李春暄发布育婴条例，严禁溺杀女婴。

道光二十九年（公元1849年）

夏，饥荒，斗米值八百文，城乡常见饥民饿殍道旁。是年，县户口计51112户、453188人。

咸丰二年（公元1852年）

八月，太平军洪秀全率部攻长沙，新化知县惧，令晏启球等设局办团练，募兵防堵。教谕王家俊防守黄柏界，训导劳崇礼防守石子岭，富豪魏鼎薰出资练团丁50人协同守城。

咸丰六年（公元1856年）

四月，湖南巡抚骆秉章为对抗太平军，派曹光汉至县办厘金助饷，总厘局设县城大码头江神庙，琅塘、蓝田（今属涟源市），设分局。凡过卡商贾百货一律征收"厘捐"，税率值百抽二。

咸丰七年（公元1857年）

九月，大批蝗虫自县东南飞进县内，遮天蔽日，食竹叶殆尽。

县设收蝗局，收蝗 700 余担，掺石灰埋之。是年，为增学额，全县捐输军饷银 44950 两，朝廷准奏新化增文武学额 4 名。次年，捐银 13320 两，增文武学额各 1 名。

咸丰九年（公元1859年）

四月，太平军石达开部围攻宝庆。六月，攻占县境西南牛山铺、草鞋铺（今新邵龙溪铺一带）知县俞凤翰筹款募丁，设卡防堵，义军旋退去。

同治元年（公元1862年）

大办地方团练。全县 127 村（洋溪并入利村）划分为十六团。团设团总，村设甲首。

同治二年（公元1863年）

五月，会党唐洪山部自邵阳攻入县西南半山、洋溪，屡败当地团勇，击杀团总邹孔绅、罗自明，月底，清廷派兵镇压。

同治三年（公元1864年）

县南马鞍山建风车窑开采烟煤。知县衙门更定完饷章程，用板券，设银号，立碑禁浮收。

同治五年（公元1866年）

四月二十七日，马鞍山风车窑井下起火，死 20 余人。六月，大水灾。文田村山洪暴发，溺毙 37 人，

同治九年（公元1870年）

建刘猛将军庙于县城南台（今县城科家巷内），11 月竣工。

同治十一年（公元1872年）

知县关培钧主修、县人刘洪泽总纂《新化县志》刊行，计10门、35 卷，为新化县第九届县志。今存。县人肖以德在县城青石街创办文元堂印刷书店，始用木板刻印，至民国初改用石印。

光绪二年（公元1876年）

冬，县著名数学学者黄宗宪在伦敦博物院觅得圆周率158位，与其在国内推算数吻合。

光绪十一年（公元1885年）

县内始设邮传递铺。总铺在县城，下辖冷水、石笋、南烟、潮水、木山、石槽、中源、潮源、龙溪、牛山卡等十铺，每铺置铺司3名。

光绪二十一年（公元1895年）

县人谭人凤在鸭田创办福田小学堂，为县内最早的私立小学。

光绪二十三年（公元1897年）

县人晏咏鹿、刘履斋在锡矿山陶塘拣取前明炼余之渣块30斤送省化验证实为锑。翌年二月，晏、刘合办积善锑厂，为锡矿山最早炼锑厂。

光绪二十四年（公元1898年）

二月，县人邹代钧（沅帆）、周叔川等创办新化实学堂，校址县城南门曾祠（今县邮电局）与长沙时务学堂"并时为两"。光绪二十八年（公元1902年）易名为新化速成中学堂。宣统元年（公元1909年）又改称新化公立中学。民国元年（公元1912年），定名为新化县立中学（今新化一中）。五月，县人肖湘柱等创办《大同辑报》，月出一册，宣传维新变法。六月，湖南矿务总局于漩塘湾（今属冷水江市）办理运销业务，并创一号官厂，锡矿山官方采锑自此始。七月，县学生邹德淹、周辛铄、罗永绍、肖湘柱及童生曹树德、陈天华等联名公恳县街"示禁幼女缠足"。县正堂批云：准存奏，出示晓谕。冬，县成立女子不缠足会，撰拟章程、叙例。开展妇女不缠足宣传活动。是年，县城衙门街伍光泰裁缝店开业，承接来料加工服装。光绪二十六年（公元1900年）该店购置德造缝纫机一台，为新化缝纫机制衣之始。县人肖毓诚等创办镇梅印刷书社，铅印教科书、表册、广告等。

光绪二十七年（公元1901年）

县人陈润霖（夙荒）留学日本东京弘文学院习教育，为县内最早的留日学生之一。县署奉令撤学宫，设学务公所，所长邹代立。光绪三十二年（公元1906年），改称劝学所，置劝学员4人

光绪二十八年（公元1902年）

四月，县城资江书院经批准改为公立资江小学堂，公举奉孝培为堂长。

光绪二十九年（公元1903年）

春，县人曾继梧（凤岗）、陈天华（星台）等官费赴日本留学。谭人凤在县城密组"会党"，进行反清革命活动。

光绪三十年（公元1904年）

挪威籍基督教牧师原明道、赫资伯由益阳至县试探开辟教区，旋即返长沙。次年，牧师傅乃士至新化租房传教。光绪三十二年（公元1906年），在青石街左教场坪建立信义会堂。

光绪三十一年（公元1905年）

十一月十二日，留日学生陈天华，因抗议日本政府"取缔清韩留日学生规则"，愤投大森海湾殉国。次年夏，由苏鹏赴日本扶柩回国，葬长沙岳麓山。

光绪三十二年（公元1906年）

十二月八日，新化政代办局成立。是年，成立县警察所，所长陈思材。

光绪三十三年（公元1907年）

县成立习艺厂，强制青年乞丐入厂习艺。锡矿山矿商杨咏仙

等呈准清廷在锡矿山谭家湾设炉炼锑，建立集益生锑炼厂。

光绪三十四年（公元1908年）

十二月，选举调查事务所成立，主管咨议选举调查事宜。冬，县毓德女子小学成立，为县内第一所女校。宣统二年（公元1910年）改为新化县立女学堂。

宣统元年（公元1909年）

五月初一日，新化县第一次选举咨议员。曾继辉通过县选府选，当选为省咨议局议员，并在九月初一日召开的省咨议局第一次会议上当选为常驻议员。是年，新化至湘乡邮路开通，途经锡矿山、蓝田、娄底、谷水、潭市等地，邮路全长155公里。

宣统二年（公元1910年）

四月，新巡警总局委杨光宸在崇阳岭玄妙宫成立新化团防营，主管城区治安。冬，新化政区改制，改团村为乡镇，置一厢（城厢）、四镇（大同、永固、西成、时雍），十一乡（安集、遵路、亲睦、敦信、中和、遵义、永靖、知方、永安、兴让、永清）。为贯彻省咨议局旨意，新化成立自治筹备处，艾章黼任处长。

宣统三年（公元1911年）

二月，县人邹永成约集宝庆革命党人在宝庆河街岭设立联络站，准备起义事宜。九月初一日，长沙光复，成立中华民国湖南军政府（旋改为都督府）。县人陈润霖任都督公署教育司司长。九月初九日，邹永成等联合宝庆巡防营起义，攻占府城，成立军政分府。县人谢介僧任军政分府都督，邹永成为副都督，谭二式（谭人凤之子）为参都督。九月初十日，邹永成、谭二式及原宝庆巡防营长张贯夫率军队200余人，从宝庆进攻新化，清军驻城管带晏金生出城迎降，原知县张维馨被囚禁，革命军攻占县城。旋即成立县保安会，维持县城秩序，县人曾继辉任会长。

民国元年（公元1912年）

1月，改县公署为县行政厅。革命军委彭风翔为首任县知事。3月，县成立临时议会，12月，第一届县议会开会，王成德当选为议长，肖湘柱为副议长。是月，中国同盟会新化分会成立，刘鑫（巨钟）任会长。11月，湖南省新化监察署成立，辖宝庆、新化等地矿山，管监督、改良、保护矿山、征税及处理纠纷事宜。冬，湖南省农会新化分会成立。是年，县行政厅在原学宫明伦堂旧址办教员养成所培训学校教员。一年后停办。

民国二年（公元1913年）

1月，议会选举罗永绍为国会众议会议员，王成德、康涛为省议会议员。8月，县同盟分会改组为国民党新化分部，谢介僧任部长，唐旭升任副部长。10月13日，新化籍革命党人、国民党省党部理事、省筹饷局局长伍任钧被湘督汤芗铭杀害。10月，汤芗铭奉袁世凯令，取消国民党省党部，县国民党分部旋即解散。冬，德籍商人施乃甫、阿罗佛分别在锡矿山成立"开利""多福"洋行，仿赫氏炉原理制炼纯锑，锡矿山西法炼锑自此始。

民国三年（公元1914年）

5月，城举办全县学生运动会。是年，第一次世界大战爆发，锑价暴涨，锡矿山锑业采炼迅速发展。至民国五年（公元1916年），全山采矿公司达130余家，炼厂30余户，矿工达10万人，日产生锑60余吨。挪威人殷德白在县城创办看病所，西医传入新化。民国政府废府、州、厅，保留道、县建置。新化县隶属湖南省湘江道。

民国四年（公元1915年）

3月，县教育会成立，址西正街昭忠祠（今县中医院），首任会长杨开益。冬，美地质学家丁格兰，应北京政府农商部之请，至锡矿山进行地质矿产勘测，著《锡矿山锑矿调查记》首次披露矿山锑藏量为150万吨已采20万吨。是年，禾青人段太同在桑梓栗溪桥创办同福锅厂。该厂所产"广锅"质佳耐用，誉满国内，远销东南亚。县敦信乡（今洋溪镇）邹承休在县西南麻罗发现瓷泥矿，创办华新瓷业公司，县内瓷器工业自此始。

民国五年（公元1916年）

3月，县行政厅易名为"知事公署"。4月，县商会成立，杨光宸当选为会长。5月6日，锡矿山工人罢工，夺取新华昌公司矿警连枪支，宣布矿山独立，悬护国军旗帜，驻矿山"总理"谢虎巽外逃。罢工工人旋遭驻矿北军袭击，工人投奔革命党人刘重部。次日，刘率部攻克新化县城，刘以护国军行军司令官名义，布告安民。9月，撤走衡山。7月4日，湘督汤芗铭被护国军逐走。次日，湖南护国军第二师师长曾继梧入督署维持秩序，截获汤芗铭携逃之款70余万元（银元）入库。省议会开会，公选曾继梧为代都督。是年，天主教传入新化。初，租县城南门外民房建天主堂，发展教徒70余人。后在洋溪、孟公等地建立分堂。

民国六年（公元1917年）

春，白溪人龚得举，纠集党羽上千人号称"金兰兄弟"，横行乡里，无恶不作。县知事派兵围则，捕杀首领2人，祸患始息。4月8日，省长公署公布各县基本情况。新化县总面积12829平方公里、人口791027人，赋银35515元。8月9日，县署查获伪造钞票案6起，缴获伪钞票14798张，印刷机具多件。首犯谢仁江、李叙召、杨若云于 8 月 24 日被处决。9 月 14 日，县署设县志局，着手编辑新化县志。旋以兵灾，志未成。

民国七年（公元1918年）

6 月，北军张继忠（湘督张敬尧义子）率混成第五团抵县，驻城北如园。旋与南军陈光斗、谢介僧部在大洋江一带激战，炮声震野。张部驻县 9 月，所到之处，官兵恣意抢劫，居民颠沛流离，怨声载道，民称"烂五团"。11 月 6 日，县知事崔璞到任，肩舆前后数十乘，县开支夫马费达 2000 余串（铜元）、旋为其母祝寿，"商会帖请城区乡绅筹备一切，每户交礼金票钱 20 串，不敷数由各商户认捐"。商民忍气负重，有苦难言。

民国八年（公元1919年）

3 月，省长公署以县知事崔璞"办事不力，废驰学务，撤任查办"。7 月 18 日，县政、学、绅、商各界组织国货维持会，公推游曰谦为会长。8 月，蝗灾严重，全县稻谷收成不足四成。是年，县电报局建立。县城至宝庆电报线路架设完成。

民国九年（公元1920年）

4 月中，省长公署接连委任尹某、何某为新化县禁烟局长。尹、何到任即争管区，乡绅为之调和划界，警丁借机勒索，每入一民户，强收津贴费 1 元（银元），县民怨甚。4 月 24 日，辛亥革命元老县人谭人凤在上海病逝。5 月 26 日，驻县北军刘振玉旅（隶张敬尧部）被南军战败，撤退时大掠县城，全城商铺无一幸免，商民 40 余人被枪击伤，掳民夫 1400 人运送财物。在向蓝田方向溃退途中，焚毁民房 400 余间，40 余人毙命。7 月 10 日，滇军第六混成旅途经新化暂驻，索饷甚急，县署四方筹集一万元"权充军饷"。离县时，派夫 1000 名，舟船数十艘为之运送辎重物件。

民国十年（公元1921年）

5月12日，县知事布告，在全县实施强迫教育。学龄儿童不入学者，第一年罚其父兄银洋1元，次年再不入学罚金加倍。贫家子弟仍无力入学。6~8月，旱灾严重。县民以草根、树皮、白泥（民称"神仙土"）为食者其多。阳峒、虎寨等地油栗树皮均食尽，县城街头悬标出卖儿童，"斤价80文（铜元）"，是为"辛酉大旱"。9月，饥民向县署请票逃荒，县署发放首批"逃荒护照"，560名饥民相继出境逃荒。12月，县内匪患严重，永固镇一带尤甚。罗洪村刘丹桂3岁幼童被"吊羊"，无钱赎回，儿遭烹杀。乡民往宝庆乞师征讨，亦未得许可。是年，县内盐价暴涨，斤价300文。县榷运局官员与盐商勾结，借机敛财，民多淡食。

民国十一年（公元1922年）

3月，县内米价昂贵，每斤价240文，米商囤积居奇，城内无米可买。4月，夏荒严重。全县饥民逾40万人，县城向饥民施粥，日领粥者达数千人。饥民赴省京赈，"华洋义贩会"托辞不肯接待。5月遵义乡富户杨开进（次三），威逼佃户王维贤以夏收4石小麦抵先年失收租谷，王不从，杨开进竟将王及为王说情的李春贵一并押送县府拘禁逼租。9月，县人陈远偲、晏孝逊筹资捐田，在县城青石街建慈儿院，收养孤儿100名，学习缝纫、针织、编炮等手工技艺。11月18日敦信乡乡民100余人结队至县城，请求县署开禁挖笋以维持生计，县知事允向省报告，请愿队伍始散。12月28日，县工界开会，宣告成立新化县工会，选杨开庆为会长，为县内最早工会组织。冬，民无食，常成群结队"吃富户"（到富豪家吃饭）。水口村曾继辉（月川）办农兵局，组织18~40岁村民入籍，一家有警，鸣锣为号，以保卫富家财产。是年，废道制，新化县直属湖南省。

民国十二年（公元1923年）

2月23日，县城毛板船运输舵工联名要求船主增加工价。商会出面调停，商定每放一艘毛板船由原定工价20~30元增至36元。5月29日，县城学生1000余人在县衙后操坪集会，宣告成立新化县学生联合会，会后游行。7月，洋溪籍青年邹建武，在湖南第一纱厂加入社会主义青年团。旋经该厂中共党员方石波介绍参加中国共产党，是为新化县入党最早的中共党员之一。8月，县城各界发起创办贫民工厂，以"华洋义赈会"账款4000元为经费，以原"习艺所"（清光绪三十三年公元1907年建）址为厂址，全县16乡镇各派1人入厂学习，3年结业，厂内设织、染、木、藤四科，民国十四年（公元1925年）停办。

民国十三年（公元1924年）

3月26日，县商民代表刘裕仁等向省议会控告县知事范兼善以兼任护宪军十旅（张湘砥旅）参谋长之权势，苛勒商绅（两月之内勒索6万元），又纵兵关押无辜商民，恳请查处。省议会允查。4月，范去职离县。5月，乌石乡龙潭村煤矿瓦斯爆炸，死54人。7月14日，连日大雨，资水陡涨，沿岸一片汪洋。共冲塌房屋3600余栋，毁稻田24000余亩，溺死36人，直接经济损失上百万元。民称"甲子大水"。9月，县署召开抗毒游行大会，并通告禁种、禁食鸦片。11月，驻县防军纷至，城厢内外，几无驻地，坐守县署逼催军饷的军员日达十余起，县知事李定群被迫提前预支民国十四年、十五年两年田赋（平3万余元）仍不敷用。不堪催逼，上任4月即通电宣告辞职。12月10日，驻县护国军第五旅第十一团团部装电话机附线于县电报局电线上，每日下午专接宝庆电话，为县内电话之始。不久，军迁机拆。

民国十四年（公元1925年）

1月，新化县知事刘镇南至县月余，因县绅力阻前知事李定群辞职，刘一直未能接任。经省长公署几次电催，刘始得接印视事。3月下旬，资水陡涨，县城大码头接连下放毛板船300余艘，在安化段内沉没180余艘，每艘成本约千元，煤商损失颇巨。3月，县著名义商曾庆湘（子亿）捐洋2000元，募捐水田60亩，在城创办慈女院，收纳贫女50名，学习缝纫、编炮技艺。5月5日，敦信乡村民邹九林夫妇率千余人围攻乡团防局，要求"吃富户排家饭"。团总炳蔚逃往县城。县团防总局派兵镇压，邹九林夫妇被捕。6月10日被杀害。6月初，新化旅省学生李矩、王德新、陈树华、邹建武、邹序龙、谭国辅（谭人凤之女）、周廷举、方石波等组织暑期社会服务团在全县城乡宣讲"五卅"惨案真相，声援上海人民反帝斗争。6月13日，县城学生、市民2000余人集会，抗议英、日帝国主义侵华暴行。会后，工人罢工、商人罢市、学生罢课一天，并开展募捐活动。至7月，共募集银元1000元邮寄上海，慰劳罢工工人。6月27日，县城商民协会成立，李九伍任委员长。会议公推调查员8人，在城区逐店检查英、日进口货物，限期烧毁，禁止销售。6月30日，湖南雪耻会新化分会成立。游逊夫为总务股长。7月，私立初级职业学校成立，校长肖湘柱，校址圣庙东巷。8月27日，城东慧龙庵住持觉观和尚赴外地求取佛经返县，将所取11箱佛经在城区游展。9月，中共湘区执委增派肖铁生、仇寿松至锡矿山与邹建武会合，秘密成立锡矿山矿工会，仇寿松为委员长，发展会员1300余人。秋冬之际，中共锡矿山特别支部成立，肖石月（铁生）任支部书记，有党员32人，为县内第一个共产党组织。

民国十五年（公元1926年）

1月1日，县视学邹萍圆视察永固镇学校兼办村校煤捐，边防局会办刘某抗拒煤捐、殴伤视学以致轰动全县。旋由边防局长出面罚刘某550元作为医疗费用，煤捐照常抽收了案。4月8日，锡矿山矿工会召开成立大会，矿山商团极力阻止工人与会，捕押国民党矿山区党部常务委员邹建武等30余人，时称"四·八事件"。旋经国民党湖南省党部干预，商团被迫释放捕押人员，并赔礼道歉。8月初，国民党湖南省党部派遣王铭（省党部组织股特派员）、中共党员郭垂芳（酃县人）。省农会特派员中共党员周廷举及袁月斋（省第一师范学生，中共党员）、方石波（省第一职校学生，中共党员）等组织国民党新化县临时党部。旋于9月7日成立国民党新化县党部。周廷举任县党部执行常务。9月7日，县农民协会筹备处成立，颜化孚、谢瓒厘、邹序龙为筹备员。至年底，全县发展农会会员61207人。9月13日，县城创办私立丽则女子师范学校，校长晏孝铭。9月19日，新化各界数千人，在县署前坪集会，庆祝北伐军攻克武汉，晚上举行提灯会游行。11月，新化县工、农纠察总队成立。罗能忠（中共党员）任工人纠察队总队长，邹序龙（中共党员）任农会纠察队总队长。12月31日，县总工会筹备处成立，会址县西街彬彬堂，张国栋任主任。数日后，县豪绅刘铁逊、杨笃武、刘巨钟等指使肖宗山（原县工会会长）、陈财生（理发行业）另组织"新化县地方工会"与之对抗。县工会纠察队奉命捣毁其组织，并将陈财生、李本修戴高帽游行。冬，中共新化县特别支部成立，周廷举任特支书记，特支有党员15人。

民国十六年（公元1927年）

1月7日，县城机关团体约5000人在文庙大坪集会庆祝北伐

胜利。会上，国民党县党部要求惩处污吏刘凤翔（水车人，原县署二科科长），县农协会揪出土豪奉孝培（奉家人，永靖团防局长）、刘魁多（城厢团总）、罗锡藩，县工会揪出工贼陈财生，要求县府严办。1月14日，县典狱署长及警备队长密释陈财生激起公愤，县长郑致和、代理县务贺召霖相继惧逃。县党部、县工会关押典狱署长、警备队长。1月16日，新化召开首次农民代表大会，到会代表49人，宣告成立新化农民协会执行委员会，方石波当选为委员长，会址县西街彬彬堂。1月23日，新化县特别法庭成立。宣布没收劣绅杨次伯、刘巨钟、肖宗山（即肖霖）住房，供公共团体办公用。县署对释放陈财生负有重责的典狱署长、警备队长撤职，特委王铭、方石波任警备队长及典狱署长。月底，赴新宁任县长的刘致贤，途经县境三塘村，威压西成区农会释放其外祖父劣绅伍岳图。西成区农会以破坏农运向县报请处理，县长未允，县农会同意将刘游团示众。游至县城西门岭将刘处决。是月，县第二区女界联合会会长曾云娟与区农会执委邹杰生捣毁麻罗村由土豪组织的假农会，县内震惊。2月20日，县成立清查逆产委员会，邹序龙任主任。决定对在逃的"新化五逆"刘巨钟（县议会副议长）、杨次伯（县议员）、刘魁多（城厢团总）、杨执中（锡矿山商团团长）、肖宗山（原工会会长）予以通缉，并宣布没收其财产，编《新化五逆之罪状》印发全县。3月9日，县农会成立农民运动讲习所，方石波、郭垂芳分任正副所长，曾义孚、杨尊吴、李抱一等为教员。3月12日，县特别法庭判处土豪罗承华、罗教正、刘凤翔、奉孝培、邹峻岳（锡溪人）、席仲彭（东安人，县厘金局长）及工贼李本修（县城人）死刑。5月1日处决（其中李本修因刑场作弊未死，后改名李命长活至解放后）。5月27日，奉省总工会、省农协命令，为声讨长沙许克祥叛变，中共锡矿山特支书记肖石月、矿工会副委员长邹建武率工人纠察队300人向长沙进发，在蓝田六亩塘遭敌伏击，肖石月、邹建武及纠察队员16人壮烈牺牲。其他队员在黄佑南率领下，绕道返锡矿山。6月6日凌晨，县农民自卫军第一队队长陈尧佐叛变，县工会农会领袖数十人被捕。共产党员王铭（国民党县党部组织部长）、郭垂芳（共青团新化特支书记）、袁月斋（县工会筹备处秘书长）、罗能忠（工纠总队长）、胡启隆（"清逆委"委员）、张盈丰（县学生联合会会长）等被杀害于县城西门岭，史称"新化六·六事变"。8月28日，国民党新化县党部"改组委员会"成立，常务姜厥成。对境内各级国民党组织进行改组，清查国民党内的共产党员。10月中，县农协纠察总队队长邹序龙在溆浦被国民党政府捕押回县，旋即被杀害。邹在狱中留给其胞兄、叔父遗书称："报仇事，不用着急，将来自有成功之一日也。"遗书原稿尚存，是年，县城周大兴织染厂开业，有工人30余人，织机20台，为县内第一家私营织染厂。

民国十七年（公元1928年）

1月22日，国民革命军廖湘芸部进驻县城筹饷扩军，陈尧佐率县团防队偷袭廖部，激战于城郊下田花山。团兵大败，陈被俘，枭首示众。5月1日，为搜捕共产党员，县善后委员会改"团防局"为"挨户团"设3个分局，有6支常备队，共团兵1230名。6月，"县清乡委员会"成立，县长张一权任委员长。组织清乡队配合挨户团在全县挨户清查共产党员，实行"联保连坐"法。中和乡农协会会长曾纪镇、永清乡纠察队长罗爱崇、锡矿山工会骨干颜汉云、孙鹤松、李春莲（女）、苏春和、申友生等10余人殉难，矿工会会员200余人被捕。同月，共产党员陈历坤在城东上渡以办新民

中学为掩护，组建中共湘中特委，陈历坤任书记。9月30日，由于罗世谋叛变，陈被捕，旋于11月9日被杀害于县城西门岭。8月29日，国民党新化县党务指导委员会成立，常委张曼真、袁拔群，在全县实行国民党员总登记，继续清查共产党员。

民国十八年（公元1929年）

1月6日，县财产保管处与田赋征收处合并组建县财政局。3月1日，县长公署改称县政府，设一、二、三科和财政局、教育局、警察所。9月城东桑梓创办私立青峰乡村师范学校，校长苏维岳。民国二十三年（公元1934年），改为私立青峰农业职业学校，校长苏鹏。10月，县教育会组建新化民众图书馆筹备处。在城东街孔庙右建馆，耗资4000银元。次年4月竣工开馆。11月18日，县内区划调整。全县置8区、15乡和锡矿山直属镇。第一区辖中和、永安、遵义；第二区辖安集、永清；第三区辖大同；第四区辖遵路、亲睦；第五区辖水固；第六区辖敦信、水靖；西成东、西成西属第七区；知方、时雍属第八区。冬，省贩务会据新化灾情分配贩款1.4万元，免销"关税库券"1.5万元，免缴内赋2.4万元。

民国十九年（公元1930年）

4月26日，县种痘局开办种痘传习班，各区保送学员30人参加学习，省派朱元洵到县讲课。5月，县城组织消防队，有队员30人，经费由各商户分担。5月24日，县府在城区宣布戒严，夜晚禁止手电照明，沿街清查客栈旅馆"共党嫌疑分子"。7月，县各界人士捐资9000元创办"新化救济院"，招收社会贫民40人入厂学习生产技艺。9月，县"铲共委员会"成立，并组织8个宣传队赴各乡开展"反共"宣传。秋，县西孟公镇人曾硕甫集股在杨木洲建西成茶埠。3年内建成茶行8家，茶业公所1处，最高年产红茶 30 万公斤，茶埠闻名省内。是年，长沙信义医院迁县城与看病所合并，成立新化信义医院，院址青石街承熙巷（今县人民医院）。全县户口统计共 159269 户，837154 人。其中男 472846 人，女 364308 人。

民国二十年（公元1931年）

3 月 23 日，私立上梅中学创立，校址县城青石街原丽则女师址，校长晏孝逊。后迁今址。3 月，县城成立缝纫、小贩、杂货、药材、面食、编炮、绸布、毛板船、书纸、印刷等 10 个同业公会。5 月，为县公矿局与锡矿山段楚贤开源公司采矿纠纷事，邑绅苏鹏、李抱一等通电省建设厅，要求维护公矿局权益，追究开源公司越界开采行为。夏，大雨成灾，全县因水灾死亡 567 人，损失财物 770 余万元。8 月 17 日，县码头工会纠察毛镇坤被国民党县政府杀害。10 月 9 日，新化县抗日救国会成立。数千人在火神庙集会，抗议日军侵占东北三省，各界人士登台讲演，会后游行，高呼"打倒日本帝国主义"口号。是年，国民党县党部创办《新化民报》，石印四开周刊。次年改铅印，为县内书报铅印之始。锡矿山开源公司与同利公司争夺矿地，开源矿警连开枪击杀同利公司工人一名。

民国二十一年（公元1932年）

1 月 30 日，县义勇军总队成立。登记册有队员 10 万人。9 月 19 日，全县举行首届国术比赛。横阳廖满山获第一名，县府奖"御侮救国收复失地"镀金横匾。9 月 20 日，县城民众数千人在火神庙集会，以省府新委县长梅蔚南吸食鸦片烟瘾甚大，拒绝梅出任新化县长；学校亦"放假拒梅"。后省府急电县保安团"护梅接任"，梅始得接印视事。

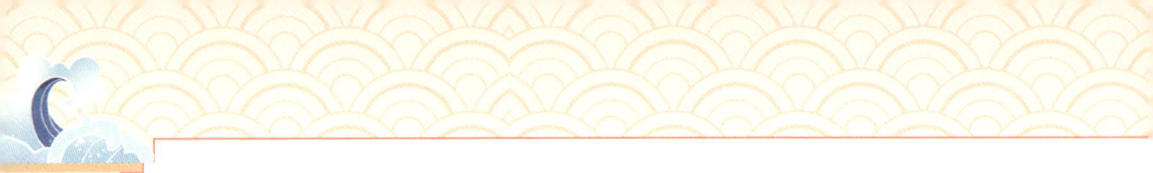

民国二十二年（公元1933年）

1月21日，县警察所员丁14人，向省民政厅控告该所所长陈镇东私贩烟土烟具，县府反将控告员丁开除。3月7日，省禁烟委员会派员驻县禁鸦片。县府派警丁在城区挨户搜查，共搜得烟枪（具）200余件，烟膏烟土数十两，均当众烧毁。4月8日，惯匪罗教炎，多年在县北风车巷一带持枪抢劫过往行商，被县保安团抓获处决。4月14日，县抗日救国会成立，公推刘月楼为常务。当即函请县商会转知各商店，对所有仇货（日货）限期售完，否则即予没收。4月，县政府购置无线电收音机一台，并派员至外地培训。县内无线电收音机自此始。9月，县信义医院医师倪安耐，在城北北台创办麻风救济院，为省内最早的麻风医院。民国三十四年（公元1945年）停办。是年 县国术研究所成立，翌年，改为国术馆。

民国二十三年（公元1934年）

5月5日，县白溪镇青年张光主、陈正仙在汉口"天然瓦斯学习所"学习后，回乡试办沼气照明成功。1982年，国家农牧渔业部派员考证，认定为国内最早沼气照明地之一。其事迹在北京农业展览馆展出。6月30日，县成立新生活运动促进会分会，宣传遵守公共秩序，注意环境卫生。8月14日，半山村村民谭某因旱灾严重秋收无望，一家五口服毒自尽，其妻及儿女抢救及时得免死。是月，新化至邵阳长途电话开通。冬县府在县境边界三区分水坳、四区牛山卡、五区草鞋铺、七区笋芽山建成四碉堡。

民国二十四年（公元1935年）

1月1日，新化《资江报》创刊，四开铅印五日报。3月31日，县公矿局与段楚贤开源公司矿务纠纷案调解成功。由段楚贤向县内128村每村捐谷100石作为积谷借贷，时称"段捐积谷"。11月28日，肖克、王震、夏曦率中国工农红军第六军团进入新化县城，军团部驻青石街陈宅（今县总工会）。驻县期间，曾与国民党追兵樊松甫部及县保安团激战，还深入城乡宣传抗日救国主张，发动群众斗争土豪劣绅，一部曾去锡矿山、芦家桥等地开仓济贫，扩军筹饷。12月5日离县。12月12日，贺龙、任弼时、关向应率红二军团进入县西江东、上团，稍事休整后于14日去洞口县。12月中旬，红军离县，县国民党政府组织善后委员会，各区成立分会，对拥护红军的群众施行报复，分过地主粮物者限期归还。全县400余人被关押拷打，第七区陈异屏、刘华政、城区伍发坤等被杀害。

民国二十五年（公元1936年）

10月15日，《新化民报》《镜报》《资江报》合并组成《新化日报》出刊，社址县城西正街彬彬堂。冬，新化至邵阳邮路开通。是年，保、甲编组完成。全县划8区1镇、75乡镇，辖1137保、11468甲，分置保长、甲长。县西成埠宝聚祥新制"雀舌""宝珍"红茶远销巴拿马，获优等茶奖。

民国二十六年（公元1937年）

1月，官矿局撤局停办。2月，湘黔铁路株洲至新化段动工修建。年底，路基达县西新佃桥。8月17日，县城西正街青年刘慎修（26岁，已婚），对日寇侵华义愤填膺，自愿报名入伍抗敌，即日办好入伍手续。8月25日，日寇飞机3架，从锡矿山方向飞至县城上空盘旋。城区防空哨所及时鸣放警报，疏散居民。9月，县内开始征兵按"三丁抽一，五丁抽二"比例逐级摊派。首批应征青年200人，于次月开拔入伍。10月，县合作金库成立，为全省最早的三大合

作金库之一。是年，抗战事起，大中城市学校避乱内迁。省民范女子职业学校（由长沙）、私立成达女子中学（由武汉）相继迁县。次年，楚怡高级工业学校、私立复初中学亦由长沙迁县。

民国二十七年（公元1938年）

2月，共产党员苏镜（毛易铺人）、张竹如（县黄土岗人，张干之女），受中共湖南省工委派遣至新化发展党的组织。7月，建立中共新化县特别支部，苏任特支书记。3月18日，县税务局赋税主任车衡，任职期间贪污税款6100余元，经省府主席张治中批准在长沙枪决。3月20日，县府于县城组织递步总哨所，区乡设哨所、分哨所。县内公文传递，均由递步哨传送。是月，县内征兵实行抽签制。18~45岁男性适龄壮丁在乡镇中抽签，按签号分批入伍。至5月，全县抽签合格壮丁9633名，当年实交兵4031名。4月1日，剧作家曹禺率上海抗敌流动剧团20余人至锡矿山进行抗战宣传演出，团员有舒绣文、黎莉莉、胡萍等。县长王秉丞主持对城区街道进行拓宽整治，第一期南正街整治工程开工。全部工程历3年完成。6月5日，游家湾青年商人袁岸芳，组织8~12岁儿童100余人创办抗日童子军。童子军每日训练二小时，节假日在附近演出抗战文艺节目，甚受群众欢迎。6月，中华民族解放先锋队新化县总队部（简称民先队）成立，苏镜任总队长。"民先队"在县内积极开展抗日救亡宣传活动。7月中，为卢沟桥事变一周年，县商会组织爱国献金运动。至月底，共捐献金银首饰折银元3万余元，寄抗日前线部队。9月下旬，县府奉令审查登记全县小学教员，准以小学教员登记者254名，代用教员293名，暂代用745名，不合格68名。县教育局对执教人员发放登记证书。9月，新化学生战时服务团成立，杨锡璋为团长。该服务团主要活动有举办难民收容所、开展劳军公演、募捐寒衣等。是月，县难民救济处成立。全县有难民收容所 4 处，共收容沦陷区难民 1609 人。10 月，县成立伤兵管理处。国民政府军政部四六后方医院迁县，驻城东县立中学。民国三十年（公元 1941 年）1 月，四六后方医院撤销，该院伤兵由驻县一二后方医院接管。11 月 1 日，县政府设无线电台，配有发报机、收报机及手摇发电机。

民国二十八年（公元1939年）

1 月 11 日，县府通知各乡、镇、保长，县内所有按保寄养难民，其给养全由乡、镇筹发，并应优予接待，随时慰抚查医。2 月，中共新化县工委书记苏镜身份被国民党县政府觉察，县长王秉丞查封县工委联络点书报合作社，并拘留经理方横西。苏镜被迫离开新化。是月，三民主义青年团新化分团部开始在县内发展团员。次年 4 月，成立三青团新化区队县长兼区队长。3 月，继任中共新化县委书记张竹如（时在段楚贤家任家庭教师），被国民党县政府暗中监视，省工委书记高文华到县部署张转移，指定李丽藏（即李仲培，长沙人，上梅教员）为县委书记。9 月，征兵抽签制实行后，殷实富户用金钱买兵避役，县征兵部门出卖壮丁收条从中渔利，不足兵额则在城乡四处捕捉，县人外出胆颤心惊。11 月，县府奉省府急电，赶速征集民工按预定计划毁坏县内湘黔铁路路基，防御日寇入侵。12 月，新化县卫生院成立，省卫生处委朱云达为院长。冬，中国工业合作协会西南区办事处（驻邵阳市）投资银元 6 万元，在县城松山坪建新化造纸合作社第一厂，为县内首家机械造纸厂。是年，沅陵县经新化至邵阳长途电话线架通，全长 320 公里。

民国二十九年（公元1940年）

1 月 10 日，省农业改进所新化工作站成立，主任邓涤，专负县内推广植桐和稻种改良工作。至7月，全县植桐乡7个，植桐15.7万株。6月25日，矿商段楚贤捐资10万元，以利息设立"楚贤奖学金"资助县内优秀贫寒子弟入学。6月，中共车田支部书记李化之（邵阳人，小学教员）被捕杀害。8月，中共县委负责人阎戈南（杨黎原，山东人）等相继撤离新化。中共在县活动暂停。10月3日，为防敌机空袭，县城开始疏散人口。警丁执"休市牌"沿街催促，违者或罚劳役或处罚金。10月19日，县人邹鹏（女）新编《乡村歌声》，由唤民书局印刷出版，其中抗战歌曲甚受欢迎。冬，县城南郊（今火车站）建飞机场，跑道长380米、宽40米。次年，建停机坪，总面积4.3万平方米，先后停盟军飞机10余架次。是年，县城湘庆长等四家棉布商集资10万元（法币）开办宏大织染厂，有织布机100架，工人200余人，为县内首家店办工厂。城东铁牛山建抗敌伤亡荣誉将士公墓，原四六后方医院1500余名战伤死亡官兵埋葬于此。

民国三十年（公元1941年）

1月，县内党（国民党）团（三青团）派性矛盾激化，国民党县党部书记长魏定光七次向省府揭露县长王秉丞（三青团派）贪赃枉法行为，王旋即去职他调。2月，全县实施国民教育，乡、镇设中心小学，乡、镇长兼任校长，保设保国民小学。全县共有中心小学26所，保校726所。3月底，中共车田支部党员张楚被国民党政府逮捕，4月1日被溺杀。4月夏荒严重，谷价猛涨，一石谷换布5疋（年初一石谷换布2疋），100斤煤尚换不到1升米。民食草根者甚多。5月27日，县府在全县推行"一元献机运动"，月底向省航空建设协会汇寄30.4万元（法币），支援抗日战争。是年，新化成立田赋管理处田赋改征实物。全县正附赋税197698

元，每元征稻谷2斗。县府判处鸦片烟案61起，处理烟毒犯71人，其中4人处死刑。省航道勘测队完成资水航道新化县白溪至邵阳桃花坪段测量工作。省立第六职业学校在县城创办，校址西正街李祠。

民国三十一年（公元1942年）

7日，《新化日报》因披露县长胡瀚贪污行为被追停刊，报社收归县有。旋由国民党县党部接办，易名《新化民报》，于24日出刊。9月，县内开始土地测量陈报，省田粮管理处派员督办，翌年8月完成。全县共耕地70.3万亩，其中水田69.02万亩。10月，县警察局升为二等局，共员丁601人，其中乡镇警察（由自卫队改编）319人。冬，新化县田赋征实，每赋银一元征谷4斗，全县实征稻谷79071石，比上年增长一倍。是年，新化县被定为湖南省治螟示范县。

民国三十二年（公元1943年）

3月26日，全县儿童开展健康比赛，参赛儿童570名，经过体检评出健康儿童152名。7月，县中医公会成立，入会名医有吴伯廉、李聪甫等。9月13日，县政府颁布《冬季治螟实施办法》，令农户秋收后拔除禾茬，冬耕后，深灌水，违者予以罚款。是年，全县引进黄金籼早稻谷种10石。县土坪陆通金矿公司有矿工300余人，月产黄金50两（合1.56千克）。

民国三十三年（公元1944年）

7月23日，县府公告：县城自即日起，每天上午8时至下午4时为防空时间，居民学生一律疏散城郊。秋，日寇逼近县境，锡矿山所有矿窿用废石堵塞，或用水淹，生产停顿，全山人口仅留千余。是年，美国水电专家隆凡奇到县考察资水水利开发。

民国三十四年（公元1945年）

1月27日，县府决定，利用农闲整修新化至蓝田、至邵阳、至安化、至烟溪、至溆浦5条县道干线。1月30日，县国民抗敌自卫团成立。为加强乡镇自卫队作战力量，全县划分为四个督训区，分别派员训练乡镇自卫队员。3月12日，省高等法院第四分院由邵阳司门前迁县锡溪邹氏家庙办公。3月，湖南省第六行政督察区专员公署及保安司令部迁县西南苍桐乡（今洋溪）。4月11日，日军入侵县境，14乡镇遭杀掠。4月27日，敌寇3000余人窜入洋溪地区，在县布防的国军第十八军第十八师、第七十三军第十五师、第七十七师与敌激战，盟军飞机助战，敌军伤亡惨重。5月底，敌残部向宝庆溃逃。日寇在洋溪一带，屠杀居民2664人，强奸妇女277人，烧毁民房1759栋，毁粮1055石，杀耕牛2257头。7月中，国军第四方面司令官王耀武，乘飞机至县视察所属部队，并看望原黄埔军校教育长方鼎英。8月20日，县城军民万人集会，庆祝抗日战争胜利。夜，全城张灯结彩大游行。11月县议会选举前夕，县长胡瀚（属国民党派）私卖官盐，国民党县党部书记长张翼文为之上下游说开脱，胡得免追究。不久，胡另调。12月15日，各乡镇召开乡民代表会，选举县议会议员及乡、镇长。冬，县农田水利公司成立。

民国三十五年（公元1946年）

1月，参议会开会选举议长。"国民党派"支持大同镇唐吉俊"三青派"极力主选方鼎英。"国民党派"张翼文秘密串通永固团议员，方鼎英被迫弃选，唐吉俊当选为议长，曾晓岑（水固镇人）为副议长。4月，邵（阳）新（化）公路动工修建。次年8月竣工通车。5月5日，县佛教协会在洛伽庵召开会议，以原理事长怀惭和尚"行为不检，难在县立足"为提案，决议成立改选筹备处，推陈驾侯为主任。6月，连续20天大雨，县内多处山洪暴发，70人水淹丧生，毁田6800亩，省府拨救济款65万元赈灾。9月3日，县中医师公会义务诊所开诊，门诊医生兼为小儿种痘，对赤贫病人医药免费，所长晏孝荃。9月8日，宝庆师管区拨付新化壮丁安家费300万元（法币）。县府安排每名入伍壮丁家属200元。10月5日，新化佃租会成立，声言实行"二五减租"（佃农租谷每石减2斗5升）。实行结果，租未减成，富户乘机退佃加租。11月12日，县田赋征收人员收谷时使狡，溢收粮谷自肥，县民反映强烈。县长李惕乾偕县田赋处长至城区收粮处巡查并实际过斛（量具，4斛为1石），每石粮谷多收3升，当即将该处主管撤职收押。11月，省救济分署配给新化赈粮113吨、罐头385箱、奶粉30箱、菜种4桶。县府决定，上述物资全部以工代赈用于修建新邵公路。12月，县警察局长袁鹤，以对县内一起数千人参加的迷信活动"烧天香"制止不力，被迫提出辞职，国民党县党部趁机驱袁。原卸任局长邹务三（国民党派）复任。冬，县人杨左之在城东大码头办好好米厂，夜晚发电照明，共装灯百余盏，为城区电灯之始。是年，县府部署各乡清理积谷，全县80所仓廒实有积谷23002石。

民国三十六年（公元1947年）

3月23日，县府通知各乡镇进行户口登记。登记结果全县18乡镇、261保、4536甲，总人口687845人。3月26日，县治螟委员会决定以城厢、吉鹅、敦信、大智4乡镇为治螟示范区，并派警丁下乡督促。4月15日，县文献委员会成立，推苏鹏为主任，筹备纂修新化县志（未成）。4月，省救济公署配发新化铁铲79把，县府分配给正在修建塘坝的77个合作社，余2把配予县农业推广所及民生工厂。5月15日，县警察局、县卫生院、城厢镇开会，议定每月最后一个星期日为城区卫生清扫日，县城各保鸣锣晓谕，并由警察局定期训练旅栈茶役人员。5月24日，湖南在乡军人联谊会新化分会成立，理事长方鼎英。5月，县城挑运工人以物价暴涨至县总工会要求增资，县总工会召集劳资双方协商，决定挑运力资在原基础上增加50%。9月底，县内米价飞涨，大米每升由月初12万元（法币）涨至20万元。秋，县府拨稻谷800石，从善后救济总署湖南分署购回9台美制柴油抽水机。次年9月县农业推广所首次使用抽水机抗旱。10月，金竹山煤矿工人罢工5天，要求增加工资。矿主被迫同意每天增发大米一升。冬，新化选举"国民代表大会"代表。国民党派拥谢祖尧，三青团派拥方鼎英。两派为拉选票在全县城乡拉帮结派，行贿索贿成风。结果，国民党中央指定的新化"国大代表"候选人肖炳星当选。

民国三十七年（公元1948年）

3月26日，县成立"勘乱建国动员委员会"，唐吉俊任主任，张翼文为副主任。4月5日，一毛板船在大洋江口撞翻一渡船，40余人落水，死17人。4月6日，省立高等工业学校（即原省立第六职业学校）学生李皇甫，为制止警察殴打无辜百姓反被警察打伤，该校学生怒极，群起请愿。县警局派警弹压，拘捕学生多人。10日，省会高等院校通电声援"高工"。旋经省府出面，将警察局长撤职，学潮始息。8月初，国民党紧急征兵。新化县下半年配额征兵1264名，接兵部队坐县署催逼。县府紧急电令各乡镇长提前交兵，"如违定予究办"。月底，县内发行"金元券"，1元金元券兑换法币300万元。10月15日，新化人民自救会在城郊上田"怡园"秘密成立，主席杨开祎（杨定），副主席邹中条。11月，为修环城马路，县城南门城楼水晶阁被拆除。

民国三十八年（公元1949年）

1月，中共湖南省工委派共产党员颜述之进入锡矿山，以工程处职员身份作掩护，秘密组织工人开展护矿和迎接解放工作。3月9日，新化人民自救会（后更名湘中人民自救会）邹中条率10余人攻打土坪金矿公司，缴获步枪、手榴弹多件。3月20日，县人民自救会伍子珊等30余人袭击永安、永清乡公所，夺取枪支、电话机等。4月中，湖南省政府主席程潜，委派省军管区少将兵投督导专员伍光宗（县三塘人）接任新化县长。5月初，中共湖南省工委派组织员文诚生（文琳）至县与地下党员李孝先（县府主任秘书）、潘宗信（女县立女中教员）三人组成党小组长，秘密发展党的组织。不久经省工委批准，成立中共新化县总支委员会（李孝先任书记）和中共锡矿山总支委员会（颜述之任书记）。5月，县内进步社团纷纷成立，至7月中旬达30余个，较有影响的有奋生社（负责人潘宗信），湖风学社（负责人伍蔚梓），妇女问题研究会（负责人邹今撰）、牧笛社（负责人魏怡宗），绿野文艺社（负责人杨开祎）及中共地下党领导的解放新闻（负责人晏石成）。6月9日，大水，全县淹田10万余亩，第一区、二区、三区、六区受重灾，资水陡涨，城南福景山田垅一片汪洋。7月，物价飞涨，金元券贬值，国民政府发行银元券在县内流通。1元银元券换5亿元金元券或1元银元。8月5日，县府收到湖南省程潜、陈明仁起义通电。次日，县长伍光宗复电程、陈，拥护起义。8月11日，国民党军队飞机轰炸县城，西正街杨祠（县邮局址）中弹，邮局职工4人被炸死。8月12日，县长伍光宗通电起义。中国人民解放军一四七师进入县城，居民夹道欢迎人民解放军。新化和平解放。8月19日，驻县人民解放军奉命向安化转移，次日，县府人员亦随

军北撤。县城由县军官大队直属区队维持秩序。8月22日，国民党省政府第六行政督察区专员丁廉抵县，指定唐吉俊代理县长。国民党第十四军第十师张用斌部复踞县城。8月24日，国民党时雍乡乡长胡念坤、乡自卫队队附方发祥在中共地下党员杨定及进步青年伍大希、龚高志策动下举行武装起义。8月下旬，邹中条等在圳上组织新化游击队，旋改称新化县地方兵团突击大队，邹中条任大队长，龚高志任教导员。9月初，县人方鼎英在安化东坪组织华中资源大队。9月19日，该大队第一纵队副司令罗志一，奉命与县突击大队商谈合编事，罗志一被误杀。9月5日，中共地下党员刘泉清受陈明仁、唐天际派遣，以第二军第五师补充团政委身份策动原县警察大队第四中队张继锋率部起义。9月20日，湖南省政府复委刘镇越为新化县长。9月30日人民解放军一六○师由师长邹毕兆率领进攻锡矿山，与驻矿国民党军数改歼敌数百人。10月1日，县长刘镇越到任、旋即仓皇离境。10月5日，中国人民解放军一四七师，由师长郑贵卿率领从安化回师，在县突击大队协助下攻克县城，国民党军溃退，新化第二次解放。10月9日，随军南下工作队176人抵县。10月15日，中共新化县委员会成立，尹之席任县委书记。办公地点县正街（今人民法院）旋迁南门街南园（今址）。10月16日，为补干部力量之不足，县干部学校成立，校长李增祥。第一期招收学员128人，学习11天后分配工作。该校共办三期，培训干部340余名。10月中，曾广济、邹务三持邵阳军分区司令员邹毕兆信去半山、罗洪，说服起义后叛逃的警察局长曹克国、自卫总队副总队长周不让停止西窜。10月17日，曹、周率所部1300余人枪回县城投诚。10月21日，县人民政府成立，县长赵文元，副县长苗静斋。10月22日，县委派出武装工作队分赴各乡接管政权，全县置六区，配中共区委书记和区长。为支援人民解放军进军西南，县委布置全县征收公粮。至1950年1月，实征公粮3168.5万公斤。10月26日，县委布置各区迅速建立武装区干队。至12月底组建完成，全县共有武装区干队员612人。10月27日原国民党残军陈光中匪部窜入县境西北与盘踞该地的贺幼农匪部会合，成立"反共救国义勇军"反革命组织，四处烧杀掳掠。益阳军分区长征干部方荣华，在回圳上省亲途中被杀害。同日夜，尹立言匪部100余人，袭击冷水江机电厂工程筹备处，职工及家属5人被枪杀，7人受伤，抢去机枪一挺、长短枪7支、银元2400余元，33户职工家被洗劫一空。10月，县贸易公司成立，琅塘、锡矿山分设贸易商店。此后，县城商店陆续开业，商业市场开始恢复。11月23日，匪首邓跃楚、邹佛愚等率匪徒700余人，袭击第四区工作队罗洪驻地。区干队在县大队支援下奋起抗击，歼匪100余人，匪败走，南下干部冉文杰牺牲。11月下旬，人民解放军一五八师四七四团在水车地区与陈光中、贺幼农匪部激战，歼敌数百人。贺幼农化装潜逃，被白水村农民罗庆善兄弟活捉。次年元月，贺被镇压。12月30日，第二区武装区干队在卢家塀班围剿邬乐知匪部，击毙支队长1名，匪军被击散。区干部李守臣、曹培光牺牲。冬，县委派员接管县内中小学校。是年，全县粮食总产1.24亿公斤，工农业总产值4231万元。物价暴涨，货币贬值，人民生活艰难。

参考文献

［1］ 中国水利水电科学研究院水利史研究所，紫鹊界梯田世界灌溉工程遗产申报书，2014.

［2］ 张密．中国古代梯田的起源与发展．农村农业农民［J］，2015（5A）：58-59

［3］ Yunpeng Li，Jun Deng，Xuming Tan. Traditional Model of Ziquejie Mountain Terraces in China and Scientificities on Irrigation Heritage Perspective［C］. 2020 2nd International Conference on Civil，Architecture and Urban Engineering，IOP Conf. Series：Earth and Environmental Science580（2020）012071.

［4］ 张永勋，闵庆文．稻作梯田农业文化遗产保护研究综述［J］．中国生态农业学报，2016，24（4）：460-469.

［5］ 田亚平，凡非得．南方稻作梯田区农业文化与景观保护的关键问题与途径——以紫鹊界梯田为例［J］．衡阳师范学院学报，2015，36（6）：51-56.

［6］ 谢佰承，陈耆验，刘富来，陈标新．梯田农业生态系统保护的关键问题与途径——以湖南新化紫鹊界梯田为例［J］．中国农学通报，2016，32（3）：135-140.

［7］新化县志编纂委员会.新化县志［M］.长沙：湖南出版社，1996.

［8］胡最，刘沛林，邓运员，郑斌.紫鹊界稻作梯田的传统文化特征研究［J］.资源与环境，2016，32（12）：1466-1470、1512.

［9］白艳莹,闵庆文,左志锋主编.湖南新化紫鹊界梯田[M].北京:中国农业出版社，2017.

图书在版编目（CIP）数据

高田叠交错　石脉流泉滴：紫鹊界梯田 /
李云鹏编著 . -- 武汉：长江出版社，2024.7
（世界灌溉工程遗产研究丛书 / 谭徐明总主编 . 中国卷）
ISBN 978-7-5492-8793-2

Ⅰ . ①高… Ⅱ . ①李… Ⅲ . ①梯田－水利史－新化县
－先秦时代 Ⅳ . ① TV632.644

中国国家版本馆 CIP 数据核字 (2023) 第 055971 号

高田叠交错　石脉流泉滴：紫鹊界梯田
GAOTIANDIEJIAOCUO SHIMAILIUQUANDI：ZIQUEJIETITIAN

李云鹏　编著

出版策划：赵冕　张琼
责任编辑：胡箐
装帧设计：汪雪　彭微
出版发行：长江出版社
地　　址：武汉市江岸区解放大道 1863 号
邮　　编：430010
网　　址：https://www.cjpress.cn
电　　话：027-82926557（总编室）
　　　　　027-82926806（市场营销部）
经　　销：各地新华书店
印　　刷：湖北金港彩印有限公司
规　　格：787mm×1092mm
开　　本：16
印　　张：13.25
彩　　页：4
字　　数：154 千字
版　　次：2024 年 7 月第 1 版
印　　次：2024 年 7 月第 1 次
书　　号：ISBN 978-7-5492-8793-2
定　　价：86.00 元